岩溶学基础
YANRONGXUE JICHU

王中美 潘剑伟 褚学伟
杨根兰 丁坚平 编著

中国地质大学出版社
ZHONGGUO DIZHI DAXUE CHUBANSHE

内容提要

本书着重于阐述岩溶学的基本概念、基本理论及基本分析方法,力求概念清晰,逻辑严谨,文字准确,图件清楚。全书共十章,第一章到第六章为岩溶学的基本概念、基本理论,第七章到第十章为岩溶学的基本研究方法。

本书可作为高等院校地质工程、水文与水资源工程、资源勘查技术与工程、岩土工程、水利水电工程、交通工程、环境地质、环境工程、地理信息系统等专业的本科生教材或相近专业的教材、参考书,也可供从事上述专业的工程技术人员、科技工作者等使用。

图书在版编目(CIP)数据

岩溶学基础/王中美等,编著. —武汉:中国地质大学出版社,2022.7
ISBN 978-7-5625-5260-4

Ⅰ.①岩… Ⅱ.①王… Ⅲ.①岩溶 Ⅳ.①P642.25

中国版本图书馆 CIP 数据核字(2022)第 083122 号

岩溶学基础		王中美 潘剑伟 褚学伟 杨根兰 丁坚平 **编著**
责任编辑:李焕杰	选题策划:张 旭	责任校对:张咏梅

出版发行:中国地质大学出版社(武汉市洪山区鲁磨路388号)	邮编:430074
电 话:(027)67883511 传 真:(027)67883580	E-mail:cbb@cug.edu.cn
经 销:全国新华书店	http://cugp.cug.edu.cn
开本:787毫米×1092毫米 1/16	字数:295千字 印张:11.5
版次:2022年7月第1版	印次:2022年7月第1次印刷
印刷:武汉市籍缘印刷厂	
ISBN 978-7-5625-5260-4	定价:39.00元

如有印装质量问题请与印刷厂联系调换

前　言

岩溶在全球分布普遍，其面积约占全球陆地面积的 15%，即约 2200 万 km^2，在全球各大洲均有分布。中国是亚洲岩溶分布最广泛的国家，中国岩溶面积约占中国陆地面积的 35.8%，即约 344 万 km^2。强烈的岩溶发育使得岩溶区生态环境极为脆弱，人类活动的敏感性较高。

贵州省地处我国西南岩溶发育的中心，岩溶面积约占全省陆地面积的 72%，即约 12.7 万 km^2。由于贵州省碳酸盐岩具有沉积时间序列长、厚度大、出露面积广等特点，岩溶发育完好、类型多样，生态环境脆弱，并由此引发较多的岩溶水文地质、工程地质和环境地质问题，严重制约社会经济的发展和生态环境的保护。因此，贵州大学资源与环境工程学院地质工程系从建系以来便开设了岩溶学课程，作为地质类专业的院级选修课。但是，本门课程一直没有一本系统的教材，笔者为了满足学生上课和广大岩溶工作者的需求编著本书。

本书根据笔者对贵州岩溶的研究和大量生产实践资料，并参考国内外文献编著而成。由于笔者专业知识有限，书中难免出现不妥之处，恳请读者批评指正。本书的章节与主要内容由贵州大学资源与环境工程学院的王中美老师拟定，具体编著分工如下：第一章、第二章、第三章、第四章由王中美完成；第五章由褚学伟完成；第六章由杨根兰完成；第七章、第八章、第九章由王中美和丁坚平共同完成；第十章由潘剑伟完成。

编著者
2022 年 2 月

目 录

第一章 绪 论 ·· (1)
 第一节 岩溶学的定义 ·· (1)
 第二节 岩溶的基本概念 ··· (1)
 第三节 岩溶学研究内容 ··· (2)
 第四节 岩溶学研究方法 ··· (3)
 第五节 岩溶研究进展 ·· (7)

第二章 岩溶发育条件 ·· (10)
 第一节 岩溶发育的基本条件 ··· (10)
 第二节 岩溶发育的自然因素条件 ·· (17)
 第三节 贵州岩溶发育特征 ·· (21)

第三章 岩溶作用过程及机理 ··· (24)
 第一节 化学溶蚀作用 ··· (24)
 第二节 混合溶蚀作用 ··· (39)
 第三节 机械侵蚀作用 ··· (41)

第四章 岩溶地貌 ·· (44)
 第一节 岩溶个体地貌形态 ·· (44)
 第二节 岩溶组合地貌形态 ·· (48)
 第三节 岩溶地貌发育过程及地域分异特征 ··· (50)
 第四节 贵州岩溶地貌特征 ·· (51)

第五章 岩溶水 ·· (54)
 第一节 岩溶水的基本特征 ·· (54)
 第二节 岩溶地下水系统 ·· (57)
 第三节 岩溶水资源的评价 ·· (62)
 第四节 岩溶热水资源量评价 ··· (73)
 第五节 岩溶水资源的开发利用 ··· (76)

第六章 岩溶洞穴及堆积物 ··· (79)
 第一节 洞穴成因 ·· (79)
 第二节 洞穴分类及其特征 ·· (79)
 第三节 洞穴的发育阶段 ·· (83)
 第四节 洞穴堆积物类型 ·· (83)
 第五节 洞穴堆积物对古环境的反映 ··· (92)
 第六节 洞穴堆积地层的划分和对比 ··· (96)

第七章 岩溶水工环地质 …… (100)
第一节 概　述 …… (100)
第二节 岩溶环境地质背景 …… (100)
第三节 岩溶环境水文地质 …… (103)
第四节 工业废渣堆场的岩溶地下水渗漏污染 …… (104)
第五节 岩溶矿床充水及透(突)水 …… (110)
第六节 岩溶泉 …… (118)
第七节 岩溶石漠化 …… (125)

第八章 岩溶塌陷 …… (127)
第一节 概　述 …… (127)
第二节 岩溶塌陷分类 …… (128)
第三节 岩溶塌陷形成条件 …… (129)
第四节 岩溶塌陷成因机理 …… (130)
第五节 岩溶塌陷的防治 …… (138)

第九章 岩溶水库渗漏 …… (140)
第一节 渗漏的形式 …… (140)
第二节 岩溶渗漏条件与评价 …… (140)
第三节 岩溶渗漏勘察 …… (141)
第四节 岩溶渗漏的防治措施 …… (145)
第五节 岩溶地基稳定性 …… (145)
第六节 岩溶分析方法与探测 …… (150)

第十章 岩溶的地球物理勘探 …… (152)
第一节 高密度电阻率法 …… (152)
第二节 瞬变电磁法 …… (155)
第三节 电磁波CT法 …… (157)
第四节 地质雷达法 …… (159)
第五节 地震映像法 …… (161)
第六节 微动方法 …… (163)
第七节 瑞雷波勘探法 …… (167)
第八节 其他岩溶地球物理探测方法 …… (171)

主要参考文献 …… (172)
附录　图　版 …… (176)

第一章 绪 论

第一节 岩溶学的定义

岩溶学是地理学与地质学之间的一门边缘交叉科学,在国外称为喀斯特学(任美锷等,1983)。喀斯特,南斯拉夫语为 kars 或 kas,意大利语为 carso,德语为 karst。典型的喀斯特地区是欧洲巴尔干半岛西部,亚得里亚海东北岸的灰岩高原,该地地名为喀斯特。那里分布着大面积的灰岩岩层,发育了许多当时认为十分奇特的地貌。人们在经过观察研究后,在那里建立了一个新的学术概念,并将这种新的学术概念命名为"喀斯特"(地质矿产部地质辞典办公室,1983)。

"喀斯特"成了世界各国通用的一种学术专用术语,用来表述地球上碳酸盐岩分布地区,经溶蚀后形成的各种形态的特征地貌。过去我国也沿用"喀斯特"一词。1966 年全国第二次喀斯特会议上,统一将"喀斯特"一词改为"岩溶",并决定于 1967 年起执行使用。20 世纪 80 年代初,随着我国对外学术交流的不断恢复、增加,许多国内学者也多有恢复采用"喀斯特"一词,在我国形成了"喀斯特"与"岩溶"并用的状况。本书拟采用"岩溶"一词进行论述。

第二节 岩溶的基本概念

1983 年《地质辞典(一)普通地质 构造地质分册 上册》将"岩溶"定义为:"水流对碳酸盐岩等可溶性岩石以化学作用为主、机械作用为辅的地质作用过程及其所产生现象的总称。""karst"曾被音译为"喀斯特",它包括岩溶作用过程及其产物,以及含有大量钙质胶结物的碎屑岩、黄土、石膏及岩盐、冰川、冻土。由于水流、热力等作用亦有岩溶发育,分别叫做"类岩溶""热力岩溶"或"假岩溶"。

1988 年袁道先将"岩溶"定义为:"水对可溶性岩石(碳酸盐岩、硫酸盐岩、卤化物岩等)进行以化学溶蚀作用为特征(并包括水的机械侵蚀和崩塌作用及物质的携出、转移和再沉积)的综合地质作用,以及由此所产生的现象的统称。"

热力岩溶(thernal karst):多年冻土和冰川在气温和地温升高的条件下,部分冰块融化,产生类似灰岩地区的岩溶现象,如冰洞、冰塔、热融坍陷、热融凹地等;盐湖岩溶(salt karst):在大面积盐岩分布地区(如盐湖),受淡水溶解和溶蚀后,常形成溶坑、溶蚀漏斗等现象;碎屑岩岩溶:由钙质胶结的碎屑岩,其胶结物受溶蚀后产生的局部岩溶现象(地质矿产部地质辞典办公室,1983)。

岩溶定义中的"岩溶作用过程及其产物",其中"过程"是指岩溶洞穴和岩溶洞穴沉(堆)积物发生、发展和形成的"途径",侧重于成因机制方面;"产物"是指"过程"最终形成的"溶蚀"空间——洞穴及岩溶洞穴沉(堆)积物。

第三节 岩溶学研究内容

岩溶学是一门交叉边缘科学,因此,它的研究内容,随其他有关科学的发展、生产建设的需要及新方法新技术的出现,在不断发展和充实之中。

根据岩溶学研究的进展,有的国家把岩溶学分为普通岩溶学、区域岩溶学、工程岩溶学、岩溶水力学和岩溶矿床学。有的学者认为岩溶学的研究主要应包括岩溶水文地质学和工程地质学、岩溶地貌学、岩溶矿床学、洞穴学4个部分。

岩溶与自然现象和自然景观相互联系、相互作用,因此,岩溶研究必须综合研究区域的整个岩溶形态、自然景观。同时,应该注意综合区域的自然地理条件,包括它的历史演变,对岩溶过程的影响,并阐明岩溶过程和形态对区域景观特点的影响。这种研究对于提高有关农业生产力的区域综合研究特别重要。所以,岩溶学作为一门独立的学科,其内容还应包括岩溶区域的生物地球化学景观和综合开发利用问题。

岩溶研究的主要内容有以下几个方面。

(1)岩溶区域发育规律的研究。许多国家的岩溶研究,已从以局部现象与特征探讨为主,转入研究大面积区域岩溶发育规律,并使之成为各项专门性岩溶研究的基础。区域岩溶研究是多方面的综合研究,主要内容包括:岩性与地质构造对岩溶发育的控制;岩溶发育年代与相关沉积物年代的测定;岩溶发育史及不同时期岩溶发育与成矿的关系;岩溶地貌特征及演变;大型岩溶洞穴发育条件、过程与特征;区域地表水与地下水转化关系和特征;区域水文地质条件、古气候变迁及气候因素对岩溶发育的影响;岩溶地区土壤成因与特征;岩溶发育对植被的影响;区域岩溶工程地质特征及岩溶作用对区域稳定性的影响;岩溶发育的地带性特征及岩溶类型划分等。

(2)岩溶作用和溶蚀理论的研究。现代岩溶发育强度的定量评价,可以预测岩溶发育的特征,因而在解决可溶性岩石分布区各种国民经济问题时具有重要意义。用容积法可以计算岩溶作用现代活动指数。要深入研究岩溶及其区域发育规律,就必须深入探讨岩溶作用和溶蚀理论。岩溶作用和溶蚀理论主要内容:碳酸盐矿物和石膏、岩盐等的结晶物质结构及其可溶性(溶解度、溶解速度、溶蚀强度和溶解过程);在溶蚀过程中,水溶液的碳酸盐平衡与动力学规律,包括温度、二氧化碳分压变化、不同水质水溶液的混合等对溶蚀作用的影响,以及不同浓度与溶蚀之间的关系;溶液中二氧化碳逸出、进入的物理平衡条件和碳酸盐溶解沉淀的化学平衡条件。此外,还有热动力平衡、环境与系统的特性、离子稳定带的物理化学控制参数;在不同环境下,岩溶作用过程中各种矿物生成条件的机理,以及洞穴堆积物的特征;根据溶蚀强度研究不同岩性、不同气候地区岩溶发育的特征,并根据计算及模拟试验研究岩溶地貌与岩溶形态变化规律;岩溶作用过程量与质的变化,探索不同地区、不同岩溶现象的发育规律。

(3)岩溶水文地质条件的研究。岩溶水文地质学包括古水文地质学、古岩溶学,以及碳酸盐岩中次生渗透发育循环带的影响。主要研究内容:地下水地质年龄测定,如用氦-氩法测定地下水的绝对年龄;地下水的起源、形成、循环、平衡条件;地下水与地表水的相互联系与转化;地下水化学成分的形成、富集、迁移及水量与热能动态平衡和交替变化的规律;洞穴系统的分析及岩溶水的连通试验;岩溶化岩体内蓄水、气、油的空间分布规律,岩溶作用与石油生成的关系;岩溶地下水动力条件与水力学研究,包括各种岩溶水运动条件与特征、水力参数的确定、数值统计与选择、地下水流网及数学模型的建立。除加强观测与野外试验外,还可利用电子计算机研究有关岩溶地下水水力学问题。

(4)岩溶工程地质条件与环境地质的研究。水库渗透问题一直是岩溶工程地质条件的重要研究对象,近年来又有新的研究进展。如在水库蓄水前采集河水、地下水水样,分析^{18}O和^{3}H等同位素,蓄水后再分析这些同位素的数值变化,以研究水库渗漏途径与性质;采用^{82}Br同位素测定地下水的渗流途径、流速与渗透系数。另外,抽水、疏干对岩溶地块稳定性的影响及其引起岩溶塌陷的问题也被重点研究。塌陷常常影响到工农业基地、矿区和城镇的安全,因此,许多国家已开始密切注意并研究岩溶地区各种经济建设和人类活动对环境的影响及其防治措施(任美锷等,1983)。

根据近年来岩溶学的新进展及其与相关研究领域的关系,预测今后若干年的相关研究内容将着重在以下4个方面:①历史岩溶,研究过去特有环境留下的岩溶形态组合的空间分布规律,为解决岩溶地区特有的资源环境问题提供科学依据,同时研究其随时间变化的规律,揭示环境变化趋势,为研究全球变化提供新信息;②研究现今岩溶正在进行的碳、水、钙循环的规律和特点及其与岩溶形成的关系,为预测大规模人类活动引起的岩溶地区环境变化提供依据;③建立不同类型岩溶区CO_2-有机碳-碳酸盐系统与$CO_2-H_2O-CO_3^{2-}$系统的耦联模型,对其在温室气体中源汇关系及全球变化中的作用作出评价;④岩溶动力学研究。

第四节 岩溶学研究方法

岩溶学的研究方法和技术是随着学科的不断发展及生产建设要求的不断提高而日益发展与进步的。岩溶学的研究大体上可分为基础性研究和应用性研究两大类。

一、基础性研究

基础性研究是从研究区的各种自然条件出发,综合分析该区岩溶的发生、发展、分布规律及其特征。研究方法和技术主要有野外地质调查、观测、测量、勘探(钻探和物探)、实验和试验等。

野外地质调查主要调查研究区的地层岩性、地质构造、岩溶地貌、水文地质条件等,地层岩性控制着岩溶发育的区域,调查内容包括岩层厚度、产状、形成时间及结构面的发育特征等。地质构造控制岩溶发育的优势方向,调查内容包括构造类型、位置及构造面的特征等。岩溶地貌是岩溶作用的结果,可以通过地表岩溶个体形态和地下岩溶个体形态的调查来研究。岩溶地貌的研究要特别注意它们的各种形态特征,要详细描述、测量并编制剖面图和平面图,同时进行素描和摄影。对各种岩溶形态进行分类,并应按比例或用一定的符号填绘相应的地形图,这是分析研究岩溶地貌的成因、发展历史、空间组合、发育分布规律和进行地貌区划的依据。对岩溶区的水文特征进行详细的调查分析时，要特别注意岩溶区地表水与地下水的相互关系。测量内容主要包括可溶性岩石的层理、裂隙（方向、大小、密度）和孔隙，结合岩溶形态分析岩石的透水性。观测主要是对地下水的所有出露点，包括泉、地下河、井等的出露位置进行观测；观测岩溶区域潜水位上升速度、新泉的出现，以及非间歇泉涌水量的增加与降水或融雪的关系；观测泉与泉之间或与邻近河水、湖水之间的联系情况。对于地表岩溶可以通过调查进行研究，对于地下岩溶的研究大多采取勘探的方法，主要包括钻探和物探。钻探可以研究岩溶空间中充填物的结构、成分及岩溶形态等特征，同时可以通过钻探圈出地下岩溶发育的规模；物探是通过地球物理勘探的方法，查明岩溶分布和发育范围。实验和试验也是研究岩溶的方法之一，通过室内化学成分和岩矿鉴定实验分析岩石的化学成分及结构特征，定出其 $CaCO_3$ 和混合物的含量，另外可以通过室内的水化学成分实验分析泉水、岩溶地下水和岩溶区河水的水质，为岩溶地下水组分的迁移转化和水环境保护提供依据。野外现场溶蚀试验可以分析试验岩石的溶解度及其对岩溶作用的影响。野外用染色法或示踪法可以测定地下水与地表水之间的联系及水在地下通道内的流速和流向。

岩溶基础性研究最基本的问题是阐明它的发展史及现阶段的发育特征，利用上述各方面的调查、测量、观测、勘探、实验和试验等资料就可以对这些问题作出解释。此外，还须尽可能测定现代岩溶和古岩溶的分布深度。古岩溶常常处在老堆积物之下，呈埋藏状态。根据堆积物的形成年代，可大致确定出这些岩溶现象产生的地质年代。古岩溶的研究经常采用地质学方法，将古代埋藏岩溶与现代岩溶进行对比之后，就可以明确什么时候岩溶过程进行得比较强烈，什么时候进行得比较微弱。阐明岩溶过程强烈变化的原因是非常重要的，这种变化通常是由构造运动和气候变化引起的。为了更好地研究岩溶发展和形成历史，必须研究邻近非岩溶地区的地貌和松散层的发展史及结构。

二、应用性研究

为了生产建设的需要，越来越需要对岩溶进行应用专题研究，以便更好地为经济建设服务。岩溶应用专题研究的范围是很广泛的，主要包括水利水电工程建设、道路工程建设、工业及民用工程建设、地下工程建设、矿产资源开发、岩溶地下水的开发利用、岩溶洞穴富矿和仓库利用等。

水利水电工程建设中的岩溶研究着重阐明坝区和库区的工程地质条件和水文地质条件，岩溶发育的规律及岩溶对工程建设将产生的工程地质问题。岩溶工程地质问题主要包括两个方面，即稳定问题和渗漏问题。稳定问题主要是指岩溶坝基和坝肩的稳定性问题；渗漏问题主要指岩溶坝基与坝肩、库底和库区的渗漏问题。在各大河流水利资源的梯级开发过程中，很多枢纽都遇到发育程度不同的岩溶问题。为了做好枢纽地区的岩溶研究，在区域测量工作中，采用航空测量与地面测绘相结合的方法，并配合综合物探工作，这样对地貌区划、构造断裂分析及深部岩溶的勘察都是有益的。为了弄清坝基和坝肩岩溶化岩体的稳定性，首先应查明岩溶化岩体的岩石组合，进而掌握岩溶化岩石组合的溶蚀性质、强度和分布规律，提出增强稳定性的岩溶处理措施。岩溶坝基与坝肩的渗漏问题，首先以岩石的透水性及抗水性进行技术分层，并逐层进行化学分析、组织结构鉴定、溶解度试验及物理化学性质的试验，并编制水文地质及工程地质图，组织钻孔、井、硐的水文试验，从而论证坝基和坝肩渗漏的可能性、途径及渗透量等问题，同时也要分析岩溶地下水的循环条件和水动力分带的特点。水利水电工程岩溶研究要特别注意分水岭的研究，因为在强烈岩溶化地段，地表分水岭和地下分水岭往往不一致，当蓄水后很可能发生渗漏问题。因此，在岩溶区修建水利水电工程，不但要重视岩组的划分，研究区域构造，还要深入了解抗水岩组与岩溶岩组在地表和地下的相互关系，以及破坏地下水动力联系的断裂构造分布情况，并掌握岩溶形态的结构、发育性质、强度及分布规律，这些对论证岩溶区水利水电工程的稳定和渗漏都是十分必要的。

道路工程建设中的岩溶研究主要是岩溶路基的稳定性问题和当线路通过岩溶化岩体时产生的一系列问题。例如，当道路工程中的隧道穿过岩溶化岩体的岩溶管道水时，产生岩溶水的突水问题；隧道穿过岩溶化岩体的洞穴时，形成隧道悬空的问题；还有道路工程中的特大桥梁岩溶桥基的稳定性问题。因此，在进行工程勘探时，对长隧道及大桥等重点工程，必须集中力量进行勘探试验研究，并在较大范围内进行水文地质和工程地质测绘。在线路初测工作中应充分使用综合电法勘探，广泛寻找通过岩溶化地区的不同比较方案，以便选线时更合理地采用避绕与综合治理相结合的原则。

工业及民用工程建设中的岩溶研究主要是考虑岩溶地基的稳定性问题，特别是岩溶区的高层建筑物或柱状建筑物地基的稳定性问题。因为建筑基础多在地面以下埋深较大的区域，不但要涉及上层的土层，也要涉及下部的基础，为了保证地基的稳定性，应采用地质测绘与电测深为先导的工作方法，再配合一定工作量的钻探及坑（槽）探。必要时应计算溶洞顶部的荷载重量，分析研究岩溶区土洞的形成和分布规律及土的物理化学性质，弄清岩溶的发育和分布规律，保证建筑物的安全和稳定。

地下工程建设中的岩溶研究主要考虑岩溶区域的稳定性问题和地下工程施工中产生的突水、渗水问题。当地下工程穿越的顶底板都存在岩溶化地层时，为了保证建筑物的安全与稳定，要重点考虑区域的稳定性问题和施工中产生的突水及渗水问题。

矿产资源开发中的岩溶研究主要考虑矿坑的突水与矿产资源的富集问题。我国许多矿产都与岩溶化岩体有密切的依存关系，因此应继续深入开展岩溶研究。在矿产勘探及矿坑疏干方面，为了深入掌握岩溶水的运动规律，进行大规模现场试验是非常必要的。例如，要了解断层带对岩溶水的抗压能力，就在断层带挖掘专用巷道，进行人工加压注水试验研究。另外，有的沉积型铁矿、铝土矿、黏土矿、锰矿、汞矿及溶洞中的磷、辰砂、铝土、芒硝等矿体的形成和分布与古岩溶的发育有关，这些矿体的开采也常碰到岩溶水的涌水问题。因此，弄清有关岩溶的发育条件、特征和分布规律，对寻找矿床、开采矿产资源具有重要意义。

岩溶地下水的开发利用中主要考虑地下水的赋存规律和水资源量的问题。在岩溶区地表水系通常不发育，地表水资源量不能满足生活用水和工农业用水的需求，但是该区域岩溶地下水资源丰富，可以开发利用。在开发利用过程中，要注意掌握它的埋藏条件、埋藏深度、运动规律及排泄条件等赋存循环特征，计算水资源量，合理开采。因此，应首先调查研究岩溶发育特征及其分布规律，然后才能对地下水加以合理地开发利用。

岩溶洞穴富矿和仓库利用中的岩溶研究，国内外都很关注。洞穴内常有多种堆积物，如砂矿、磷矿、芒硝等，常有一定的开采价值。洞穴中的文化层及堆积物中的化石特别丰富，能为第四纪地质研究提供宝贵的资料。岩溶洞穴还可用作地下工厂、地下仓库、地下冷藏库和国防工程。所以，用地质学方法、地貌学方法和地球物理方法探明岩溶洞穴的特征、发育历史、平面和垂直分布规律及水文特征是很重要的。

近年来，国内外研究岩溶的方法和手段有较快的发展，通常采用的有地质学方法、地貌学方法、水文学方法、生物学方法、地形测量方法、航空航天方法、定量研究方法和地球物理方法等，其中，充分利用了物理学、化学、数学及水力学等基础科学的有关方法和手段。如广泛应用的地球物理方法，就是用地震、电法、重力测量、微磁测量等方法，弄清岩溶岩体的地质构造特征，节理的发育程度和延伸方向；找出岩溶洞穴并确定其所在深度、水平延伸长度和规模大小，并绘出溶洞图；发现隐埋的排泄区，研究不同深度上岩溶水的流向与流速、岩溶水温度和化学成分的变化；研究地下溶洞的形态特征，进行地下摄影。用同位素方法可以研究可溶性岩体的节理发育及地下水运动规律。如利用稳定的碳同位素 ^{12}C 和 ^{13}C 研究岩溶地下水，可以推测出该区的溶蚀速率、古气候、地下水的流向和流速；利用 ^{14}C 法和 ^{232}Th 和 ^{234}U 比率法，可以测定石笋基部的形成年龄及石笋的生长率；通过测定石笋轴部 ^{18}O 和 ^{16}O 的比例，可以推测出在石笋形成时期大陆上的古气候变化。这些资料可与深海钻孔中所得出的海洋古气候变化资料相对比。利用溶洞中极细粒的具有微层理的沉积物（有时具有弱磁性的性质），用古地磁学方法和技术对此种堆积物加以研究，可以确定溶洞的形成年代。利用遥感技术和红外技术，可以了解岩溶地区在地面不易看出的细节，如落水洞的分布、漏斗区的坍陷情况等，寻找岩溶泉。地面上的差异，特别是水分多少的差异，不但在卫星照片上有反映，而且可以用红外技术检测出来。在岩溶和岩溶水资源调查中，宽频谱航空和遥感技术，可以减少区域测量的工作量并提高其精度。在岩溶水的计算中要处理大量的实际观测数据，需要用到数理统计，有时需要通过物理模拟和数理统计预测模型，利用电子计算技术加以分析和处理。利用电子计算技术分析研究各种岩溶问题，对岩溶发育及有关特性给以定量评价，并提出各种模式与模拟试验，对解决岩溶研究中的理论问题和生产建设问题都是很重要的。

现代岩溶学的研究方法（思路），大体上经历了 20 世纪 50 年代以前的地质地貌学方法，20 世纪 60 年代到 70 年代中期的水文地球化学（水-岩相互作用）方法，以及 20 世纪 70 年代中期以后的地球系统科学方法三个阶段，它们构成了一个不断继承发展的过程。

(1) 地质地貌学方法。从可溶岩岩性、地质构造、新构造运动和外营力的相互关系，特别是水动力条件研究各种岩溶形态的分布规律；从戴维斯地貌旋回的观点，分析不同地貌期剥夷面上或侵蚀期宏观岩溶地貌的特点，研究侵蚀基准面对洞穴发育的控制和洞穴成层性，以及地质构造和碳酸盐岩成分结构与岩溶作用的相互关系，是这个阶段岩溶研究的特点。

(2) 水文地球化学（水-岩相互作用）方法。把岩溶作用作为一种发生在岩石圈和水圈界面上的地质作用来研究，将碳酸盐溶液三相平衡的物理化学原理引入岩溶发育机理来研究；研究的地理范围向着全球所有的岩溶地区（包括极地和沙漠地区）不断扩展；对各种个体岩溶形态进行细致的观察、描述并探索其物理化学成因；对岩溶含水介质结构和水文功能的定位进行试验研究。以上是这个阶段岩溶研究的 4 个主要特色。

(3) 地球系统科学方法。地球不同于任何其他已知星球之处，在于它具有一个由岩石圈、大气圈、水圈和生物圈构成的表层系统，因此，它能够通过以水循环和碳循环为主的作用过程捕获、储存、转化太阳能，驱动表层各种物质和能量循环，引发各种表层地质作用，其中包括岩溶作用。以地球系统科学方法研究岩溶在 20 世纪 80 年代后期至 20 世纪 90 年代逐步成熟，除了岩溶学本身发展的需要外，也受到环境科学的推动。一方面是由于地中海及热带和亚热带岩溶环境的脆弱性,另一方面是由于岩溶作用作为碳循环的一个重要环节而成为大气 CO_2 源汇的一部分。近年来发展起来的岩溶地球化学及其一系列捕捉碳、水、钙循环行踪的野外工作方法,为把地球系统科学的学术思想引入岩溶研究起了桥梁作用。

第五节　岩溶研究进展

一、国内岩溶研究

1. 古代岩溶研究

岩溶现象的描述,可见于许多中国的古代书籍中。如成书于战国时期至汉代初期的《山海经》中有不少有关洞穴、伏流、地下河等岩溶现象的记载,如《南次三经》中写道:"……南禺之山……其下多水。有穴焉,水出辄入,夏乃出,冬则闭。"

我国广泛分布的热带岩溶峰林地形古人早就注意了。1973 年长沙马王堆汉墓出土的古地图,即形象地绘出了湖南宁远县南部九嶷山的峰丛地貌。

大约成书于汉代(或公元 1 世纪)的我国已知最早的中药学著作《神农本草经》中,提出了"石钟乳"和其他一些洞穴次生碳酸钙沉积物的名称,对其药用作用也有所记述。

中国北方许多岩溶大泉是重要的农业灌溉水源和生活饮用水源。在出土的商朝甲骨文中,已发现许多用泉水命名的地名,对许多泉水的开发利用历史久远。如山西省晋祠泉水,早在《山海经》中就有记载。据《水经注》(成书于北魏时期)记载,晋祠泉水于公元前 453 年的战国时期即开始大规模地被用于灌溉。

1636—1640 年,徐霞客在中国南方岩溶区进行考察,准确、细致地记述了热带、亚热带峰林地貌的分布、形态特征和各种岩溶现象,只身探测洞穴 300 余个,对洞穴的结构、通道的形态和展布方向,各种类型的洞穴次生碳酸钙沉积物都有翔实的记载。

2. 近现代岩溶研究

近现代我国岩溶研究大致可分为以下几个阶段。

(1) 20 世纪 20—50 年代,以洞穴古生物和考古发掘、研究为主,其中又以北京周口店中国猿人洞的调查研究为典型。另外,有关中国南方岩溶地形和洞穴的研究,也有若干文章发表。20 世纪 50 年代中期,岩溶研究是以自然地理,特别是以岩溶地貌调查为主,50 年代末期,水文地质研究不断得到重视并成为重要的研究对象,两者之间的结合也愈来愈密切。从 20 世纪 50 年代开始,根据当时制定的 12 年科学远景规划,我国进行了区域岩溶考察,积累了大量资料,为大规模经济建设做准备。这一阶段的学术成果,集中表现在 1961 年中国科学院召开的全国喀斯特研究工作会议和 1966 年全国第二次喀斯特会议及有关专著之中。

(2) 20 世纪 60 年代中期—70 年代中期,为中国岩溶研究缓慢发展时期。岩溶理论研究处于低谷,但岩溶区的 1∶20 万水文地质普查,西南岩溶区的水利水电建设和铁路建设仍在进行。

(3) 20 世纪 70 年代中期以来,岩溶研究获得迅速发展。1975 年,中国将"中国岩溶分布发育规律及其改造利用"列为全国科学发展规划项目之一,这一时期岩溶工作的特点有以下4个方面。一是重点开展了对广西桂林和都安、贵州独山和普定、湖南龙山洛塔及山西娘子关泉域的深入研究。二是对全国的岩溶进行了较全面的普查,对以往鲜为人知的海拔4km以上的西藏高原和昆仑山的岩溶现象及珊瑚礁岩溶进行了一定的考查研究。三是建立了专门从事岩溶研究的中国地质科学院岩溶地质研究所,其中科研人员有200余人,配备有先进的实验、测试仪器和有关的技术设备。在中国地质学会与中国地理学会之下分别成立了岩溶地质专业委员会及喀斯特地貌和洞穴组,并着手建立中国洞穴协会。在这一阶段,举行了10次较为重要的全国性和国际性的岩溶、洞穴方面的学术会议。1988年10月在桂林成功地召开了国际水文地质学家协会第21届大会,重点讨论岩溶水文地质和岩溶环境保护。四是岩溶研究领域不断拓宽,岩溶理论研究有了较大发展,溶蚀机理、岩溶地球化学、岩溶名词术语、岩溶形态组合和峰林地貌发育、深岩溶和古岩溶、洞穴形态学和年代科学方面都有较大的进展,出版了若干岩溶学专著,发表了数以千计的论文。

"十一五"期间,国际岩溶研究中心在我国桂林成立,岩溶研究在理论上与实践应用上取得了显著进展。理论上,运用地球系统科学的观点和现代自动化测试手段发展了岩溶动力学;新的学科生长点岩溶生态学不但揭示了西南岩溶生态系统的脆弱性、土壤质量变化与某些土壤营养元素形态的初步规律,而且选育了大量适合岩溶地区的名特优植物物种;全球变化研究探讨了岩溶水循环中溶解无机碳形式对全球碳汇的贡献,从多种气候替代指标深化了洞穴石笋的古环境记录研究;用新技术探索了岩溶地下水水质和水量的有效评价方法。应用上,形成的西南岩溶水、石漠化和水土流失调查区域性资料在国家目标及干旱找水重大社会需求中发挥重要作用,岩溶地区油气勘察形成典型地质模式,中国南方喀斯特自然遗产申报成功,岩溶塌陷监测与预警新技术成功用于工程建设区塌陷的防治。

二、国外岩溶研究

在国外,早期的岩溶研究以欧洲占主要地位。19世纪中叶,岩溶研究进入了地理(特别是地貌学)和地质综合研究时期,研究的主要内容包括:岩溶的地质成因,岩溶的地貌特征,岩溶作用的性质,岩溶水文学特征,岩溶发育的长期观测研究等。19世纪末,发表了不少有关岩溶方面的研究论文,奠定了岩溶理论基础。

进入20世纪,岩溶研究有了很大的发展。南斯拉夫、苏联、罗马尼亚、波兰、匈牙利、捷克斯洛伐克、法国、西德、意大利、奥地利、瑞士、西班牙、美国等国都开展了岩溶研究工作。此前,以南斯拉夫学者Cvijic的研究较著名。他曾在1893年发表了《岩溶现象》一文,阐明岩溶形态主要由侵蚀-溶蚀作用形成(我国徐霞客在17世纪时便已提出了该观点),为绝大多数学者所同意。他还提出灰岩地区的准平原作用与其他地区不同,因灰岩区域的侵蚀基面为地下水面,而地下水面又位于不同高度(即深度),因此,夷平面可位于不同高度。他提出岩溶区域的地下水可分为三带:最上为干燥带(即充气带),中间为季节饱和带,最下面为全饱和带。苏联在十月革命胜利以后,为了解决国民经济建设的实际问题,开展了内容广泛的综合岩溶研究工作,举行了数次相关会议,出版了会议论文集。1958年,苏联科学院成立了岩溶地质和地理研究委员会,以协调苏联的岩溶研究工作。他们的主要成就:阐明了岩溶发育的条件和规律,确立了与水工建设有关的若干重要规律;用地球物理方法(特别是电法勘探)研究岩溶,出版了岩溶电法勘探专著;建立了一些岩溶研究站进行长期定位观测,以深入研究岩溶过程,并设有岩溶-洞穴学试验室。当时,南斯拉夫、罗马尼亚、波兰、匈牙利、捷克斯洛伐克、法国、意大利、奥地利等许多国家都编有全国岩溶分布图或专门性岩溶图件。西德对石芽及与构造有关的岩溶研究较为详细。法国、西德比较注重对岩溶地带性的研究。美国用超短辐射波测量研究埋藏岩溶有一定进展。最近几十年,国外已召开了50余次有关岩溶水文学的讨论会,涌现了大量相关论文。在这期间,国外出版了一些岩溶学的专著,如《洞穴研究问题》(1965)、《岩溶剥蚀问题》(1969)、《岩溶现象》(1968)、《岩溶学》(1971)、《北半球的岩溶》(1972)、《岩溶地貌》(1973)等。

20世纪初期,法国人就对亚洲的一些岩溶进行过考察。现今某些使用十分广泛的热带岩溶术语即在那时提出,如"kegel karst(圆锥状岩溶)"即由Mazzettis和Lehmen根据在中国的考察而提出。20世纪30年代,法国人Bouillard考察北京房山县水洞,绘制了该洞的洞穴图。

20世纪50年代以来,外国岩溶学者陆续发表过一些关于中国岩溶的研究成果,如Wissman(1954)对中国南方和越南北部的锥形岩溶(cone karst)和塔状岩溶(tower karst)的发育进行了阐述,并绘制了分布图。后来,Balazs(1962)、Gellert(1962)和Silar(1965)等都对中国南方岩溶地貌和洞穴有所论述。

最近十几年中,国际许多著名的学者,如Sweeting、Williams、Paloc、Avias、Back、Monroe、Jehnings、Roglic、Ford、White、Waltham等,都对中国岩溶进行了实地考察,并发表了若干论文。特别是Sweeting和Williams曾多次来到中国,与中国的岩溶学者共同合作,对广西、贵州以至西藏的岩溶进行了考察研究。中外岩溶学者还进行了长期的多项科学合作研究,如中法合作开展的桂林岩溶水文地质试验场观测研究,取得了可喜的研究成果。中国洞穴工作者与美国、英国、法国、日本、新西兰、比利时、波兰等国的洞穴工作者,在中国广西、贵州、云南、湖北、广东等省(自治区)进行了多次联合探洞活动。由中外岩溶学者广泛合作进行的国际地质对比计划(The International Geological Correlation Programme,简称IGCP)第299项"地质、气候、水文与岩溶形成"研究项目也顺利完成。

第二章　岩溶发育条件

在岩溶地区,岩石和水是发育岩溶的基本条件。对岩石而言,它是岩溶发育的物质基础。首先,岩石必须是可溶的,否则水就不可能进行溶蚀,岩溶作用也就不可能发生。其次,岩石必须具有透水性,当岩石具备透水性时,大气降水、地表水、地下水才能渗入岩石内,才能与岩石产生岩溶作用,形成岩溶标志的地下孔洞。对水而言,首先,水必须具有溶蚀能力,如果水没有溶蚀能力,岩溶作用就很难进行,岩溶也无法发育。纯水的溶蚀力是非常微弱的,但当水中含有 CO_2 或含有其他酸类时,其溶蚀力就会增大,对碳酸盐类的可溶性岩石才能产生溶蚀作用。其次,水必须是流动的,因为停滞的水很快就会变成饱和溶液而失去溶蚀力,岩溶作用就会停止,岩溶就得不到发育,同时停滞的水不能将溶蚀下来的颗粒带走,降低了水的侵蚀能力,岩溶作用也会停止。因此,岩石的可溶性、透水性和水的溶蚀性、流动性,就成为岩溶作用和岩溶发育的基本条件,即岩溶发育的内因。此外,气候、地形、植被、土壤、水文等自然因素条件,作为岩溶作用和岩溶发育的外因,也起着不同程度的作用。

第一节　岩溶发育的基本条件

一、岩石的可溶性

岩石的可溶性主要取决于岩石成分和岩石结构。岩石成分指岩石的矿物成分和化学成分。岩石结构是指组成岩石的颗粒大小、形状、排列方式、胶结物性质(胶结物质、胶结程度、胶结方式)等。

在自然界中,可溶性岩石根据矿物成分和化学成分的不同分为 3 类。

碳酸盐类岩石:灰岩、白云岩及其过渡岩石、硅质灰岩、泥灰岩。

硫酸盐类岩石:石膏($CaSO_4 \cdot 2H_2O$)、硬石膏、芒硝($Na_2SO_4 \cdot 10H_2O$)。

卤盐类岩石:钾盐、钠盐、镁盐岩石等。

这 3 类可溶性岩溶解度大小为:卤盐＞硫酸盐＞碳酸盐(如 20℃ 纯水,各种可溶性盐的溶解量:NaCl 为 360g/L;$CaSO_4$ 为 2.0g/L;$CaCO_3$ 为 0.015g/L)。

但是,卤盐类岩石和硫酸盐类岩石在自然界中分布不广,岩体较小,而碳酸盐类岩石分布广,岩体大。所以发育在碳酸盐类岩石中的岩溶比卤盐类和硫酸盐类岩石中的岩溶要更普遍、更典型。据统计,出露和埋藏的碳酸盐类岩石,在整个地球大陆上的分布面积约 4000 万 km^2,而硫酸盐类岩石约 700 万 km^2,卤盐类岩石约 400 万 km^2,在岩溶研究中,对碳酸盐类岩石的化学成分和矿物成分的研究是特别重要的。

碳酸盐类岩石的主要组成成分是方解石（$CaCO_3$）或白云石[$CaMg(CO_3)_2$]，其次是SiO_2、Fe_2O_3、Al_2O_3及黏土物质。灰岩的成分以方解石为主，白云岩的成分以白云石为主。硅质灰岩是含有燧石结核或条带的灰岩。泥灰岩则为黏土物质与$CaCO_3$的混合物。一般说来，灰岩比白云岩易溶蚀，白云岩比硅质灰岩易溶蚀，硅质灰岩则比泥灰岩易溶蚀。

在碳酸盐岩区有断裂构造通过的地段岩溶发育强烈，其原因是构造使岩石破碎，节理、裂隙发育，在地下水动力作用下碳酸盐岩中的易溶物质将被溶解，随地下水流走，岩溶随构造的规模及产状而发育，往往在宽度、深度上规模较大。碳酸盐岩与其他岩性接触较可能产生岩溶，产生岩溶与所接触的岩性有关。与硬质岩接触产生岩溶的可能性较小，与软质岩接触产生岩溶的可能性较大，主要原因是软质岩抗风化能力较差，岩体内部分矿物质在地下水作用下被溶解出来，易形成新的水化学环境，因而促进岩溶的发展。地下水动力是碳酸盐岩发生岩溶作用的必要条件。溶洞的形成是漫长的，良好的地下水补给、径流、排泄条件可促使岩溶的形成。在岩溶形成过程中，可溶岩处于当地侵蚀基准面以上的，岩体接受地表水的补给，经地下水淋滤作用，岩溶往往以溶槽、溶沟出现；可溶岩处于当地侵蚀基准面以下的，岩体接受地下水的侵蚀，易（可）溶物的溶解，经地下水径流、排泄强烈交替的作用，岩溶沿水力方向发育成溶洞，大者将形成地下暗河。

碳酸盐岩的成因类型及结构类型主要有5种：①由波浪和流水作用搬运沉积形成的灰岩和白云岩，具有类似碎屑岩的结构，包括岩石碎屑、生物碎屑、鲕粒、团粒和团块；②由原地生长的固着生物骨架形成的灰岩（石灰华、微晶灰岩），具有粒晶结构；③弱白云化灰岩，具有灰岩的各种残余结构；④强白云化灰岩，使灰岩原始结构遭到彻底破坏，若又经过重结晶作用，可形成中—粗晶结构；⑤属于蒸发型的白云岩，呈现隐—细晶结构，再结晶成中—粗晶结构。

碳酸盐岩结构对岩溶发育的影响，主要是原生孔隙性的影响。一般说来，盆地或大陆架深水区沉积形成的碳酸盐岩孔隙小而少，不利于岩溶发育，而过渡性沉积区生成的碳酸盐岩多孔隙，有利于岩溶发育。

二、岩石的透水性

水透过岩石的性能称为岩石的透水性。岩石透水性的好坏，主要与岩石中的孔隙和裂缝有关，即与岩石中空隙的大小、多少、形状、连通性等有关，而与孔隙度关系不大。岩石中的空隙见图2-1。例如，黏土的孔隙度可达50%或更高，但空隙很小，几乎不能透水；砂岩的孔隙度较小，为30%~37%，但空隙大，透水性很强。对于可溶性岩石的透水性来说，裂隙比孔隙更为重要。

1. 孔隙

孔隙是碳酸盐岩主要结构组分之一，其特征随沉积物的颗粒类型、大小、形状、磨圆度、分选性及充填在颗粒之间的胶结物含量的不同而变化，还受成岩过程、溶蚀作用和沉积后矿物变化的影响。新沉积的砂岩和碳酸盐沉积物的原生孔隙度，一般分别为25%~40%和40%~70%。但经压实、成岩作用后，岩石最后的孔隙度，砂岩一般为15%~30%，而碳酸盐岩一般为5%~15%。

碳酸盐岩孔隙成因比较复杂，一般可分为以下几种。

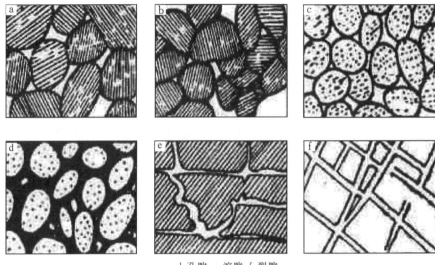

a~d.孔隙;e.溶隙;f.裂隙

图 2-1　岩石中的空隙类型

(1)粒间孔隙:碳酸盐沉积物各种颗粒之间的孔隙,是在沉积时由颗粒之间的相互支撑形成的原生孔隙。孔隙度的大小与颗粒大小、分选程度、基质和淀晶胶结物含量等有密切关系,也易受成岩后生作用的改造。此种孔隙常具有较高的孔隙率和较好的渗透性,常见于灰岩类。

(2)粒内孔隙:在沉积前,颗粒在形成过程中形成的原生孔隙,如生物体腔内的孔隙,是生物死后软体部分腐烂留下的孔隙,尚未被其他沉积物充填。这种孔隙的绝对孔隙度可以很高,但有效孔隙度不一定大,渗透性不好。

(3)结壳孔隙或生物骨架孔隙:在原地生长的造礁生物骨架之间所留下的孔隙,常具有较高的孔隙度和渗透率。

(4)印膜孔隙:碳酸盐颗粒被溶蚀后所遗留的空间,常使岩石具负残余结构。在灰岩及成岩交代白云岩类中均可见到。

(5)泥晶孔隙:针孔状孔隙,多分布于泥晶及微亮晶碳酸盐岩之间,是一种原生空隙。

(6)晶间孔隙:指矿物晶体之间的孔隙,常呈棱角状,边缘平滑。晶间孔隙可以在沉积期形成,但更多的、更主要的是在成岩后生阶段,由于重结晶及白云石化作用而形成,如砂糖状白云岩具有这种孔隙。微晶灰岩也有晶间孔隙,但意义不大。

(7)溶蚀孔隙:是碳酸盐矿物或伴生的其他易溶矿物被地下水、地表水或天然降水溶蚀后所形成的孔隙,这些溶孔继续发展,形成与原颗粒形态和大小完全相似的孔隙时,便成为印膜孔隙。此外,还有粒间溶孔及其他不受原岩结构构造控制的溶孔等。

2. 裂隙

碳酸盐岩的裂隙是决定岩石透水性的最主要因素,也是岩溶发育的重要因素。它是地下水储存空间和运移通道。厚层的石膏或岩盐,虽比碳酸盐岩容易溶蚀,但它们不容易产生裂隙,透水性弱,妨碍了岩溶向内部、向深处发育。

按成因裂隙主要分为以下几种。

(1)构造裂隙:岩石受构造应力作用而产生的裂隙。其特点是边缘平滑、延伸远,有一定方向,成组分布,是裂隙中最主要的类型,也是水对碳酸盐岩作用的主要通道。在大型断裂错综复杂的地方,往往是岩溶强烈发育地区,如构造断裂的糜棱岩带、角砾岩带、挤压破碎带、密集节理带附近最易发育溶洞,并成带分布。必须指出,断裂带除了起透水作用外,尚可起隔水作用。当断裂带内主要是黏土或铁质胶结物时,就起隔水作用。同样在褶皱构造的最大转折端,也会产生大量的拉张裂隙,这部分裂隙发育区也是碳酸盐岩岩溶发育的优势区域,通常是岩溶地下河发育区域。

(2)层理裂隙:指原生层理裂隙,它是在岩石形成过程中产生的。层理裂隙对岩石透水性有很大的影响,特别是在构造变动微弱的地台区,岩层平缓或微微倾斜,则层理裂隙对岩石的透水性起着决定性作用。在岩盐及石膏中,这种裂隙不发育。

(3)卸荷裂隙:在斜坡上与斜坡走向平行的陡倾斜裂隙,是由斜坡减荷悬空局部应力所产生的裂隙。它对斜坡或岸坡岩溶发育有一定影响。

(4)风化裂隙:地表的岩石由于受到风化地质作用产生的裂隙。风化裂隙向下延伸的深度一般较小。

另外,在溶洞顶部围岩压力产生的裂隙可使洞室顶板岩石崩落,并在一定条件下使顶板全部陷落,在地表形成岩溶塌陷漏斗。

裂隙发育的影响因素是多方面的,主要有岩性和构造作用。裂隙发育的程度主要决定于岩石的脆性。脆性愈大,岩层裂隙愈发育。影响岩石脆性的因素有岩石的成分、结构、层厚及成岩后生变化等。

裂隙分布的特点:①在垂直剖面上,往往发育在一定层位,具层位性,主要受岩性控制(内因),岩石的脆性越大,裂隙越发育。可溶性岩石的脆性排序:白云岩>云灰岩>灰岩>泥灰岩>盐岩>石膏。②在平面上,发育在构造的一定部位,受局部构造条件控制(外因),与大地构造关系不大。③地下水对它有改造作用。

岩石的透水性用渗透系数(K)表示。渗透系数是指在单位时间内,水力坡度为1时,水在岩石中渗透的距离,其单位为 m/d、m/s、cm/s。一般岩石的渗透系数愈大,则表示岩石的透水性愈强,即水在岩石中运动速率愈大。

参考《水利水电工程地质勘察规范》(GB 50487—2008),根据渗透系数的大小,本书将岩石分为以下5类。

(1)极强透水岩石:指 $K \geq 1$ cm/s 的岩石,如粒径均匀的巨砾,其特点是含连通孔洞或等价开度>2.5mm 裂隙的岩体。

(2)强透水岩石:指 $K=1 \sim 0.01$ cm/s 的岩石,如砂砾—砾石,其特点是含等价开度 $0.5 \sim 2.5$ mm 裂隙的岩体。

(3)中等透水岩石:指 $K=0.01 \sim 0.0001$ cm/s 的岩石,如砂—砂砾,其特点是含等价开度 $0.1 \sim 0.5$ mm 裂隙的岩体。

(4)弱透水岩石:指 $K=0.0001 \sim 0.00001$ cm/s 的岩石,如粉土—细粒土、砂土,其特点是含等价开度 $0.05 \sim 0.1$ mm 裂隙的岩体。

(5)不透水岩石:指 $K<0.00001$ cm/s 的岩石,如黏土岩、泥岩、致密的岩浆岩、变质岩等,其特点是含等价开度<0.05mm 裂隙的岩体,具有阻碍重力水运动的能力。

纯灰岩，刚性大，裂隙稀疏但张开宽度大，透水性好，能发育大型溶洞。泥质灰岩，刚性弱，裂隙密但张开宽度小，而且泥质灰岩经溶蚀后残留很多黏土，常阻塞裂隙，所以透水性差。石膏和岩盐透水性更差。

通常，厚层可溶岩，其中隔水层较少，岩石的裂隙比较开阔，透水性比较好；薄层可溶岩，所夹隔水层较多，裂隙也比较紧闭，透水性较差。褶皱或断裂使岩石透水性加强，对岩溶发育有利。

影响碳酸盐岩透水的其他原因主要有以下两点。

(1)岩层的产状和厚度。可溶性岩层产状平缓时，地下水多沿层理裂隙运移，容易沿层理面发育地下暗河和水平溶洞。若可溶性岩层产状较陡时，各层中易被溶蚀的岩石都出露地表，而且地下水有可能沿不同方向的裂隙运动，因而岩溶容易向深处发育。碳酸盐岩的厚度对岩溶发育的影响主要表现为岩溶作用的深度和规模。巨厚的可溶性岩层的中部或下部没有非可溶性岩层阻碍，地下水的运移和岩溶的发育就可以进行得很深，岩溶水和岩溶分带现象也表现很清楚，发育岩溶的规模也较大。若可溶性岩层厚度不大，中间或底部为非可溶性岩层阻碍，地下水运移受阻，岩溶发育只能到达非可溶性岩层的顶面，因而只能形成一些小规模的浅层岩溶或者间层岩溶。

(2)不透水(非溶性)岩层和透镜体。在碳酸盐岩层里有黏土岩或其他不透水的夹层存在，就会严重妨碍裂隙的连通和风化作用向深处发展，影响地下水向下渗透和运移。在这些夹层或透镜体的接触处产生局部含水层，局部岩溶作用发育，这样就使地层中岩溶发育程度不均匀。这种不均匀性一旦发生以后，在岩溶发育过程中，就会表现得越来越强烈。如果可溶性岩层下伏地层是不透水的，在可溶性岩层的底部沿着不透水层的接触带，岩溶作用比较强烈；而在不透水层以下的可溶性岩中，岩溶就不发育。

三、水的溶蚀性

水的溶蚀性是岩溶发育的必要条件。天然水的溶蚀力多半取决于其中的碳酸含量，即水中游离 CO_2 的存在。水中的 CO_2 与水和碳酸盐作用，转化为重碳酸盐，因而，水的溶蚀力增强。

研究表明，水中的 CO_2 主要来自土壤层，土壤层中有亿万微生物在制造 CO_2。因此可以说，岩溶发育与生命的活动密不可分，它是一个长期的生物化学过程。世界上凡有钟乳石的洞穴，在发育过程中，其上地表必有土壤层和植被，以供繁殖各种微生物制造 CO_2。因此，有人认为，岩溶作用是太阳系有特色的纯粹的地球现象。研究还证明，大的溶洞不是靠水的溶解作用形成的，而是由其他汇水地点形成的水流，借助所携带的砂砾和卵石，在灰岩中冲蚀、侵蚀形成的。这些暗河和伏流及它们的携带物，是地下洞穴和通道的建造者。因此，溶蚀作用只在岩溶发育初期和早期起主要作用。当地下发育了地下水紊流通道后，地下水的冲蚀、侵蚀作用就居于主导地位。

纯水的溶蚀力很微弱，只有当水中含有 CO_2 时，才有较强的溶蚀能力，将 $CaCO_3$ 溶解，把不能溶解的残余物质留下，或呈悬浮状态被水流带走。

在含有 CO_2 的水中，CO_2 与 H_2O 化合成碳酸，碳酸又离解为 H^+ 与 HCO_3^- 离子。水中的 CO_2 含量越高，H^+ 也越多。而 H^+ 是很活跃的离子，当含大量 H^+ 的水对灰岩作用时，H^+ 就会与 $CaCO_3$ 中的 CO_3^{2-} 结合成 HCO_3^-，分离出 Ca^{2+}，从而使 $CaCO_3$ 溶于水。该反应过程如下：

```
空气    CO₂
         ↓
水     CO₂ + H₂O ⟶ H₂CO₃ ⟶ H⁺ + HCO₃⁻
                                ↓
岩石                  H⁺ + CaCO₃ ⟶ HCO₃⁻ + Ca²⁺
即     CO₂ + H₂O + CaCO₃ ⇌ Ca²⁺ + 2HCO₃⁻
```

该化学式所表示的化学反应是可逆的,正反应的速率取决于 CO_2 的浓度,逆反应的速率取决于 Ca^{2+} 的浓度。也就是说,水中 CO_2 的浓度越大,水的溶蚀力越强;水中 Ca^{2+} 的浓度越大,水的溶蚀力越弱。而水中 CO_2 浓度受水的温度和空气中 CO_2 含量的影响。一般空气中 CO_2 的含量约为空气体积的 0.03%。

由上述反应过程来看,灰岩的溶解过程受一系列化学平衡的限制。因灰岩必须在含有 CO_2 的水中才能发生化学反应,故在灰岩整个溶蚀过程中,最后一阶段最为重要。灰岩的持续不断溶解,首先取决于扩散进入水中 CO_2 的速率。扩散速率是很慢的,一般水中 CO_2 含量要恢复平衡,至少需 24h 或更长时间。但若温度增高,扩散加速,水中 CO_2 可在较短时间内恢复平衡。所以,热带灰岩的溶蚀速度显然较温带和寒带快。含 CO_2 的水与灰岩间的化学反应速率也随温度的增高而提高。温度每增加 10℃,反应速率约提高 1 倍,故热带灰岩的溶蚀速度较高山和极地约高出 4 倍。溶蚀速率的测定,近来受到各国岩溶学者的广泛关注。如英国 Sweeting(1979)指出,马来西亚古隆穆鲁国家公园的灰岩溶蚀速率为 180mm/1000a(该处降雨量约 5000mm),证明热带地区由于降雨量多,植物茂盛,溶蚀速率远大于温带。

由表 2-1 可见,在大气压相同条件下,温度越高,$CaCO_3$ 在水中的溶解度就越小。因此,在热带地区,虽然气温高,CO_2 和 $CaCO_3$ 在水中的溶解度小,但化学作用快。

表 2-1 水中 CO_2 含量及 $CaCO_3$ 的溶解度

t(℃)	CO_2 含量(%)	$CaCO_3$ 的溶解度(mg/L)
0	1.10	81
10	0.70	70
20	0.52	60
30	0.39	49

降水沿着碳酸盐岩的裂隙和孔隙向下渗透,在到达潜水面以前,$CaCO_3$ 的溶解已达到饱和,丧失了溶蚀能力。但如果 $CaCO_3$ 饱和水溶液一直处于流动状态,由于水量、水温、气压等条件的变化,或形成混合溶液,就有可能随时变饱和溶液为不饱和溶液,重新获得溶蚀力;或变饱和溶液为过饱和溶液,发生沉淀。

在岩溶化岩体中,水中的 $CaCO_3$ 差不多是饱和的,水还有溶蚀力就是因为水是流动的。由于水的流动性,不同浓度的水溶液混合以后,饱和溶液变成了不饱和溶液,因而又产生了溶蚀力,这叫做混合溶蚀作用。

综上所述,可以归纳出具有溶蚀性的水中 CO_2 的来源主要有 3 种:①大气降水溶解或吸

收空气中的 CO_2；②来自包气带土壤层中大量微生物释放的 CO_2，大约占 90%；③来自地层深部细菌、微生物作用释放的 CO_2。

四、水的流动性

碳酸盐岩地区的大气降水、地表水、地下水的运动是岩溶发育的必要条件。水对可溶性岩石进行化学溶蚀、机械侵蚀破坏作用时，必须有水的运动和水的交替作用。水的流动可使溶解下来的离子被带走，在带走的过程中产生更大的侵蚀性，同时水的流动使具有侵蚀性的含 CO_2 的水得到补充，化学溶蚀作用增强。只有不断循环交替，岩溶作用才得以继续，所以水必须具有流动性。

岩溶水的流态有两种形式，而且可以互相转化。小的管道（廊道）里，在稳定流速下，水流是层流。水流流速快或管道直径增大时，成为紊流。在岩溶地区，绝大部分的岩溶水是可以互相联系的，其运动状态一般具有垂直分带性。

岩溶水的流动状况在垂直方向上可以分为 5 个带（图 2-2）。

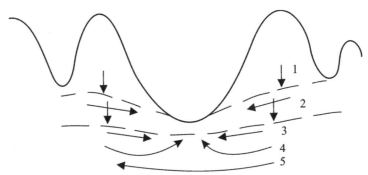

1.垂直循环带；2.季节变动带；3.水平循环带；4.虹吸管式循环带；5.深部滞流带

图 2-2 岩溶水流动的垂直分带图

（1）垂直循环带（又叫充气带、包气带、垂直渗流带）：位于地表以下、丰水期最高潜水面以上的充气带。水流主要沿着岩层中的垂直裂隙和管道向下渗透，这里平时没有多少水，只是在降雨或融雪的时候，才有大量的水从地表渗入岩溶地块中。如果在向下运动过程中，遇到局部的近似水平的隔水层或水平通道，也会开始水平流动，在岩体中形成含水透镜体，或在谷坡上形成悬挂泉。但大部分岩溶水会一直渗流到潜水面，汇入地下水。垂直入渗带发育的岩溶，以垂直形态为主，如石芽、溶沟、漏斗、洼地、竖井和落水洞等。

（2）季节变动带（又叫过渡带、交替带）：由于潜水面是随季节而升降的，特别在季风气候区，升降幅度更大，因此在垂直循环带与水平循环带之间存在一个过渡带。在过渡带里，地下水的水平流动和垂直流动周期性交替。雨季或融雪季节，潜水面上升，地下岩溶水水平流动；在旱季，潜水面下降，地下岩溶水则垂直向下流动。也就是，当潜水面升高时，此带并入水平循环带；潜水面下降时，该带并入垂直循环带。所以，季节变动带具有周期性交替性质。该带地下水垂直和水平流动周期性交替，因此，岩溶垂直和水平形态均有发育，常发育落水洞泉和间歇性泉。季节变动带下部地下水交替快，流量较大，可发育较大的通道、溶洞和间歇性暗河（枯水期断流）。

(3)水平循环带(又叫饱水带):上限是枯水期的最低潜水面,下限要比河水面或河床底部低得多。它的厚度与补给区高程及排泄基准面的位置有关。该带几乎常年有水,是地下水的循环带。水主要沿水平方向流动,而且往往是成层流动的。该带的水流又可分为上、下两带:上带是向河流排水,地下水主要水平流动;下带也是向河流排水,但地下水在河底是从下向上流动的(因河底是减压区,地下水是一种具有承压性质的水)。水平流动带因常年有水,且岩溶地下水流动交换快,特别是它的上层,还有河水倒灌的混合溶蚀作用,所以在上层常发育大型水平通道、廊道、溶洞和暗河。在河床底部常发育不均一的、高倾角的地下水通道。

(4)虹吸管式循环带:承接上部的水平循环带,但地下水的运动特征有显著不同。本带一般位于地下暗河河床之下,水完全具有承压性质,主要以虹吸管式沿基岩溶蚀裂隙缓慢流动,流量较小,以层流运动为主,对岩基潜蚀作用较弱。

(5)深部滞流带:在水平流动带之下,岩溶化岩层仍然是饱水的,不过,由于深部岩层中的地下水运动受排泄基准面的影响很小,地下水的运动、交替极为缓慢,因此岩溶作用也非常微弱。该带地下水的流动方向由地质构造情况决定,具有承压性,不流入本地区主排水道,而极缓慢地流向远处。岩溶发育程度微弱,以溶孔和溶蚀裂隙为主,地下水流态有层流和紊流,流量与水温比较稳定。流量动态滞后降水时间较长,从几个月到一年以上不等。

综上所述,5个岩溶水动力带内,水的交替强度是不同的,发育的岩溶形态各有特征,表现出垂直分带现象。但地下水动力垂直分带是不断变动的,除气候变化外,地壳运动有显著影响。如地壳上升,原来的水平流动带就可能转变为季节变动带,甚至转变为垂直循环带。反之,若地壳下降,原来的垂直循环带就可能转变为季节变动带甚至水平循环带。因此,岩溶发育的研究必须与古气候的变迁、气候带的移动,以及地貌发育联系起来。

第二节 岩溶发育的自然因素条件

岩溶的发育,除了前一节阐述的4个基本条件外,还受各种自然因素条件的影响,包括气候、植被、土壤、地形地貌、水系河网密度、水文条件等,这些是岩溶发育的外因。

一、气候条件

气候是岩溶发育的一个重要因素,各种气候因子,如降水、蒸发、气温等对可溶岩的溶蚀作用有强有弱,因而气候从多方面影响着岩溶的发育。

降水量的多少、降水的性质、降水量的季节分配,直接影响地表及地下岩溶的发育。较高的蒸发量,会减弱降水对可溶岩的溶蚀,特别是减弱水向地下的渗透和地下岩溶的发育;相反,较低的蒸发量,则有利于岩溶的发育。气温对岩溶作用的影响,从单因子分析,若单纯考虑水对碳酸钙的溶解,则温度应为正影响;而综合考虑CO_2在水中的溶解和碳酸的形成及它对碳酸钙的溶解,则温度应为负影响。但从地球系统科学考虑,气温对植被、细菌及土壤中空气的CO_2含量有重大影响。因此,从整体上看,岩溶作用的正影响远远超过了单因子的负影响。也就是说,随着温度的升高,溶解量总是增加的,岩溶作用增强;随着温度的降低,溶解量减少,岩溶作用减弱。如白云岩(含 CaO 32.58%,MgO 19.50%)的溶解量,测定结果见表2-2。

表 2-2　白云岩的溶解量

温度（℃）	每时溶解量（mg/kg）		总量（mg/kg）
	$MgCO_3$	$CaCO_3$	
25	0.20	0.42	0.62
50	0.22	0.69	0.91

从我国的温带、亚热带、热带气候条件来看，平均气温：温带多在15℃以下，亚热带在15～20℃之间，热带在20℃以上。年降水量：温带多在800mm以下，亚热带在800～1500mm之间，热带在1500mm以上。因此，就气候条件来看，热带岩溶最发育，地表、地下岩溶都很发育；亚热带地表、地下岩溶也有发育，但发育程度和规模都不及热带地区；温带地区只有地下发育管道式岩溶，地表岩溶发育不明显。

二、植被条件

植被对岩溶作用的影响非常大，主要表现在4个方面。

（1）植物根部的机械破坏作用。当碳酸盐岩表层的覆盖层有大量植物存在时，植物在生长过程中根系不断长大，其体积膨胀挤压根系周围的覆盖层，使覆盖层产生大量的裂隙，增强覆盖层的透水能力，进而使岩溶作用不断增强。

（2）地表的植物由于新陈代谢的作用，会产生凋落，这部分凋落的枯枝落叶在分解腐烂变质的过程中会产生大量的植物残余物、腐殖质和有机酸，会增强岩溶的作用。植物残余物和腐殖质能产生大量的游离CO_2，增强水的溶蚀能力，增强岩溶作用。通过调查研究发现，在大气中只含0.03%的CO_2，而在植物覆盖层中有近1%的CO_2。另外，有机酸能够增加包气带土壤层中水的酸性，酸性的增强有利于岩溶的溶蚀作用和潜蚀作用。在我国，不同自然带森林的凋落物数量不同，岩溶作用程度就不同，各自然带森林的凋落物数量见表2-3。

表 2-3　我国自然带森林凋落物数量

自然带	地区	凋落物数量[干物质（g/(m²·a)）]
热带季雨林	云南省西双版纳	1155
亚热带杂木林	湖南省会同	453
温带云杉、冷杉、红松林	黑龙江省小兴安岭	408

（3）有植被覆盖的地方能增加空气湿度和降水量，能截留径流，减弱地表径流的流速，加强降水的下渗作用，有利于溶蚀和侵蚀作用，促使地下岩溶发育。据研究，林区上空空气湿度一般比无林区高20%，降水量多16%～30%；每亩（1亩≈666.67m²）林地每年比无林区多截留径流20t，即5万亩林地每年可多截留100万 m³ 径流，相当于一个较大的水库。

（4）由于植被大面积覆盖，不能形成厚层地表径流，阻碍地表径流的冲刷作用，使已形成的漏斗、洼地、裂隙和洞穴不易受到冲刷，而细粒和黏土物质不断在其底部堆积，导致漏斗、洼地、裂隙和洞穴渐渐变浅，促使地表岩溶减缓或停止发育，从而使地下的岩溶作用加剧。

通过调查研究发现,不同植物类型对岩溶溶蚀速率影响也不同,即高大的乔木、灌木、林地、草地等对岩溶发育有较大的影响,暗示着生物活动及其产物可能成为岩溶作用中最活跃的因素。

三、土壤条件

据近年来的研究,土壤对岩溶作用的影响也是显著的。因为岩溶水中的 CO_2 主要来源于土壤,而不是空气。土壤中的 CO_2 是由土壤中亿万微生物制造的。要发育大型洞穴,地表必须有土壤覆盖层。土壤对岩溶作用的影响,主要表现在疏松的土层能截留径流并提供良好的渗透条件及制造产生大量的 CO_2。土壤中的 CO_2 含量,常是空气中的 10 倍以上,甚至几百倍(表 2-4)。

表 2-4　不同地带土壤中 CO_2 的含量(据任美锷,1983)　　　　单位:%

土层深度(cm)	热带砖红壤		亚热带红壤	温带黑土或暗红色土
	季雨林下	竹林下	常绿阔叶及针叶混交林下	落叶及针叶林下
10	0~5.1	0.2~3.5	0.1	0.4
20	0.4~4.6	0.6~5.2	0.6	0.4
40	0.4~4.45	1.0~7.4		
50			0.8	0.6
100	1.4~5.8	2.2~7.8	1.0	1.4
200	3.4~6.3	4.1~10.8	1.2	2.2

岩溶地带性和多带性的形成与气候、植被、土壤地带性及其变迁密切相关。这是因为就目前来说,在岩溶发育的基本条件和自然因素中,岩性和构造条件是没有地带性的,只有气候、植被和土壤存在地带性。由此可见,气候、植被和土壤对岩溶作用和岩溶发育的影响是巨大而又深刻的。

四、地形地貌条件

在挽近地质时期和现代,中国及其海域的主体属欧亚板块。西南缘以雅鲁藏布江缝合线为界,与印度板块相接;东面沿日本、菲律宾岛弧-海沟系与太平洋、菲律宾板块为邻;北面则盘踞着巨大而坚硬的西伯利亚板块。这一独特的构造位置使中国大陆夹持于两大碰撞、俯冲边界之间,形成了中国典型的构造和特有的地形,并对岩溶发育产生重要影响。

在不同地形地貌条件下,岩溶发育过程是不同的。因为岩溶发育在很大程度上受地表水和渗透条件的影响,而这两者又常受地形地貌条件的影响,如地面坡度、地形切割密度和深度及地貌构造单元等。因此,岩溶发育过程常和地貌发育过程联系在一起。

1. 地面坡度对岩溶发育的影响

地面坡度的大小直接影响渗透量的大小。在比较平缓的地方,地面径流流速缓慢,渗透量较大,岩溶较发育;反之,地面坡度愈大,径流流速愈快,渗透量愈小,岩溶发育就较差。例如,在我国广西地区平缓的岩溶平原上,漏斗发育且分布密集;在坡度较大的地方,漏斗就少得多。

2. 地形切割密度和深度对岩溶发育的影响

在不同地貌部位上发育的岩溶是大不相同的。在平原区,垂直渗入带浅而薄,在地下不深处就是水平流动带,因此容易发育埋深较浅的地下廊道和暗河。在宽平微切割的分水岭地带,垂直渗入带也较薄,可在不深处发育水平岩溶形态。在深切割的山地、高原或高原边缘地区,垂直渗入带特别深厚,地下水埋藏较深,则以发育垂直岩溶形态为主,只在很深的潜水面附近才发育水平岩溶形态。在低平地区发育的峰林洼地,若被地壳运动抬升,地下水面急剧下降,垂直渗入带大大加厚,洼地就会由以水平溶蚀为主转变为以垂直溶蚀为主,这时峰林洼地就会逐渐发育成连座峰林洼地,即峰丛洼地。

3. 地貌构造单元对岩溶发育的影响

不同地貌构造单元上的岩溶发育往往也是不同的。地台区的断块山,常因可溶性岩层倾斜比较平缓,且常有非可溶性岩层夹层。因此,若可溶性岩层处于山地上部,则在与非可溶性岩层接触处形成悬挂泉;若可溶性岩层埋于地下,则可溶性岩层中的地下水可沿断裂带上升露出地面,形成上升自流泉。因为可溶性岩层倾斜平缓,可在地下发育一些小型水平岩溶形态。褶皱带的褶皱山,可溶性岩层之间多非可溶性岩层间层,倾角大,呈条带状分布,不易形成统一地下水面,所以容易发育孤立的向深部发展的管道式岩溶形态。

五、水系河网密度条件

岩溶发育除了受到气候、植被、土壤、地形地貌的影响外,水系河网密度也是影响岩溶发育的重要条件。如果一个地区的水系河网密度大,会促使降水的地表径流增加,渗透水量大大减少,这就使垂直入渗带和地下水季节变动带内的岩溶发育有减缓的趋势。

在岩溶形成过程中,可溶岩处于当地侵蚀基准面以上的,岩体接受地表水的补给,经地下水淋滤作用,岩溶往往以溶槽、溶沟出现;可溶岩处于当地侵蚀基准面以下的,岩体接受地下水的侵蚀,易(可)溶物的溶解,经地下水径流、排泄强烈交替的作用,岩溶沿水力方向发育成溶洞,大者将形成地下暗河。

碳酸盐类岩石可溶性强,透水性强,地下溶蚀空间发育,可形成广泛的纵深分布的地下水网系统。大气降水大量下渗,地表径流锐减,地表严重干旱缺水。因此,以岩溶地貌为主的地区地表河网密度较低,上游河网较密,下游较稀,形成地下径流。在贵州南部的长顺、平塘、惠水、龙里、荔波、独山、贵定、安龙等地,河网密度只有 $0.123\ 22 \sim 0.143\ 94 \text{km/km}^2$。

六、水文条件

根据我国岩溶区的情况,有以下 3 种水文条件对岩溶发育有影响。

(1)外源型水文条件。外源型水指从非岩溶区流入岩溶区的水流,它对岩溶发育有两个作用:一是增加水量;二是来自非岩溶区的水具有更强的侵蚀性,从而加强溶蚀作用。

(2) 褶皱及夹层控制型水文条件。由地质构造、非可溶岩与可溶岩的地层组合关系、地形条件构成的各式各样的可溶岩空间分布格局，控制了岩溶区地表水、地下水的运动。该条件对岩溶的发育也有重要的控制作用。

(3) 高原型水文条件。在我国南方珠江与长江分水岭的高原区，或珠江与红河分水岭高原区，碳酸盐岩在短距离内形成巨大的地形高差，导致水力梯度形成很大的水动力条件，从而有利于岩溶发育，特别是大型竖井、溶洞、地下河的发育。

综上可知，岩溶发育受基本条件（内因）和自然因素条件（外因）的控制，两种条件相互联系、相互作用、相互制约，在研究岩溶发育时，绝不能孤立地用某一条件来分析研究，必须研究所有条件之间的关系，进行综合分析。岩溶是内、外因（营力）共同作用的产物，必须正确分析内、外因（营力）各因素在岩溶发育中的作用及其强度，以及各因素的变化对岩溶发育的影响。

第三节 贵州岩溶发育特征

贵州岩溶发育较好，分布广泛，可溶岩分布面积占全省面积的 69.1%。根据岩溶层组的岩性特点、出露面积、构造条件，依据岩溶发育强度进行分区，将全省划分为岩溶强烈发育区（Ⅰ）、岩溶较强发育区（Ⅱ）、岩溶中等发育区（Ⅲ）、岩溶弱发育区（Ⅳ）和非岩溶区（Ⅴ）5 个大区（图 2-3，表 2-5）。

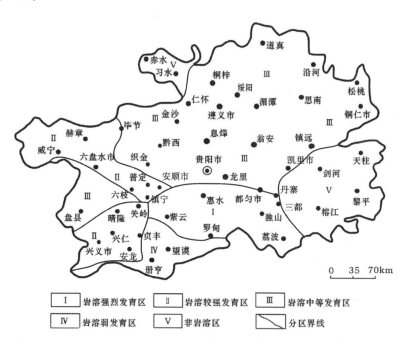

图 2-3 贵州岩溶发育强度分区示意图（据王明章，2005）

由图 2-3 和表 2-5 可知，在贵州的不同地区，岩溶发育的强度不一样，地下水交替强烈的地带，岩溶发育强烈，强烈的岩溶发育又加剧了地下水的交替，导致岩溶发育更加强烈；相反，岩溶发育相对轻微，造成岩溶发育区域的不均匀性。

表 2-5　贵州岩溶发育强度分区特征

序号	岩溶发育强度	地区	地层	备注
Ⅰ	岩溶强烈发育区	珠江流域红水河水系区分水岭的南侧,三都、丹寨以西,安顺、镇宁以东地区	石炭系、泥盆系、二叠系、寒武系、三叠系	岩溶洼地密度 3～4 个/km²
Ⅱ	岩溶较强发育区	兴义—关岭、威宁—赫章、安顺—普定 3 个亚区	三叠系、二叠系、石炭系、泥盆系	部分岩溶率可达 5%～10%,发育密度 1～45 个/km²
Ⅲ	岩溶中等发育区	仁怀—黔西、道真—湄潭、贵阳—瓮安、盘县、铜仁—镇远 5 个亚区	三叠系和二叠系	地下河发育密度一般,多数在 0.025 1～0.100 0km/km² 之间
Ⅳ	岩溶弱发育区	黔西南的册亨—望谟一带	三叠系	全区地下河发育密度为 0.01km/km²
Ⅴ	非岩溶区	天柱—榕江亚区和赤水—习水小区	侏罗系和白垩系、中—上三叠统	尽管有一些岩溶形态发育,但面积较小,大部分为非岩溶区

一、岩溶强烈发育区(Ⅰ)

该区位于苗岭中段长江与珠江分水岭的南侧,三都、丹寨以西,安顺、镇宁以东地区,地处贵州高原向广西丘陵过渡的斜坡地带。

区内地貌以峰丛洼地、峰丛谷地和峰林谷地等组合形态为主,个体形态发育多样。岩溶洼地密度 3～4 个/km²,且漏斗、落水洞、溶洞密布。地下河总长度 1670km,发育密度约 14.5km/km²,是全省地下河发育密度最大的地区,形成地下河系,荔波小七孔地下河系等属于此区。

二、岩溶较强发育地区(Ⅱ)

该区根据岩溶发育的差异性又可细分为 3 个亚区。

(1)兴义—关岭亚区(Ⅱ₁):位于贵州西南部,南盘江北岸至北盘江中下游地区。区内岩溶组合形态的分布表现为:北盘江、南盘江河谷两岸为陡峻的峰丛峡谷,岸坡地带则多分布峰丛洼地,远离河谷地带则出现峰丛谷地和丘陵谷地。

(2)威宁—赫章亚区(Ⅱ₂):位于贵州西部高原,是高原面保留较完整的唯一地区,岩溶发育较强烈。岩溶组合形态主要有溶丘洼地、峰丛谷地和峰丛沟谷等,个体地貌形态众多,丘峰、溶丘、峰林、溶原及洼地、漏斗、落水洞、伏流等星罗棋布。

(3)安顺—普定亚区(Ⅱ₃):位于乌江与南盘江分水岭地段,岩溶发育强烈,岩溶组合形态以峰丛谷地和峰林谷地为主。

峰丛谷地:分布于六枝、郎岱等地,特点是谷地平坦,有长年流水。

峰林谷地:分布于普定、安顺、镇宁间的丘陵盆地地区,特点是峰林稀少,锥体浑圆,谷地宽阔,间杂有高 20~30m 的残丘。

个体形态发育,普定波玉河一带及中部分水岭地带,溶洞、漏斗、落水洞发育密度达 38.5 个/100km², 北西部地区仅 27 个/100km²。

三、岩溶中等发育区(Ⅲ)

该区可溶岩出露特点是白云岩大面积分布,灰岩类面积比例较小,可溶岩约占全省岩溶发育区的 50%,根据岩溶发育的差异性又可分为以下 5 个亚类。

(1)仁怀—黔西亚区($Ⅲ_1$):岩溶形态组合以垄岗谷地、峰丛沟谷、峰丛谷地为主,伴有峰丛洼地、岩溶丘陵(溶丘)洼地、落水洞、漏斗等个体形态稀疏分布。

(2)道真—湄潭亚区($Ⅲ_2$):岩溶发育强度北部低于南部,非岩溶地貌及溶蚀侵蚀比例增加。岩溶地貌以峰丛沟谷、垄岗谷地及峰丛谷地为主,峰丛洼地仅在小范围内出现。局部分水岭地带常形成溶丘洼地,乌江等河流两岸则多呈峰丛峡谷,落水洞、漏斗等负形态发育强度降低,数量减少。

(3)贵阳—瓮安亚区($Ⅲ_3$):地貌类型形态复杂,溶蚀及溶蚀构造地貌突出。岩溶地貌组合形态:①贵阳—修文一线北东广大地区以峰丛谷地、垄岗谷地及溶丘、岩溶盆地为主;②贵阳—贵定以南以溶丘及溶蚀谷地为主;③贵阳以西的平坝、清镇等地以峰林谷地、岩溶洼地为主。

(4)盘县亚区($Ⅲ_4$):岩溶地貌与侵蚀地貌相互交错穿插,岩溶地貌组合形态以峰丛洼地、溶丘洼地、峰丛谷地及峰丛沟谷为主,其间有小规模岩溶盆地分布。

(5)铜仁—镇远亚区($Ⅲ_5$):常形成峰丛谷地地貌,但谷地底部不平坦。

四、岩溶弱发育区(Ⅳ)

该区位于黔西南的册亨—望谟一带,地处南盘江以北,局部形成峰丛洼地、峰丛谷地及其他岩溶个体形态。

五、非岩溶区(Ⅴ)

该区包括镇远、凯里、三都一线以东及习水以西地区,区内极少或无岩溶地貌发育。

第三章 岩溶作用过程及机理

岩溶作用主要是指可溶性岩石与水产生的化学溶蚀作用和机械侵蚀作用的过程,以及在地表和地下形成的独特的水文地质现象与地形地貌现象的总称。化学溶蚀作用与可溶岩的溶解度和侵蚀性水的形成有关,因此,本章主要从碳酸盐岩的成分、结构、沉积环境等分析可溶岩的溶解性,从水中的碳酸和其他有机酸与无机酸的溶蚀过程及混合溶蚀作用分析化学溶蚀作用过程。机械侵蚀作用与可溶性岩石的物理力学性质有关,本章主要从溶脱作用、溶塌作用和冲蚀作用等分析机械侵蚀作用的过程。

第一节 化学溶蚀作用

一、岩石的可溶性

根据岩石的可溶性可将岩石分为可溶性岩石和非可溶性岩石,岩石的可溶性主要取决于岩石的成分和结构。岩石的成分是指岩石的矿物成分和化学成分。岩石的结构是指组成岩石的矿物、岩屑颗粒(或晶粒)大小、形状和排列情况,以及岩石的胶结情况。可溶性岩石的化学成分、矿物成分和岩石结构等对岩溶的发育速度、发育程度和发育特征都有明显影响。

从岩石的成分上来看,可溶岩基本上分为3类:碳酸盐类岩石(灰岩、白云岩、硅质灰岩和泥灰岩)、硫酸盐类岩石(石膏、芒硝)、卤盐类岩石(岩盐和钾盐)。

就溶解度而言,卤盐>硫酸盐>碳酸盐。例如,在20℃的纯水中,各种可溶盐的溶解量:$NaCl$ 为 $360g/L$、$CaSO_4$ 为 $2.0g/L$、$CaCO_3$ 为 $0.015g/L$。但是,卤盐类岩石和硫酸盐类岩石分布不广,岩体较小,而碳酸盐类岩石分布广,厚度大,是岩溶研究的主要对象。

从岩石的结构来看。通常是晶粒愈小,相对溶解度就愈大,隐晶质和细晶质的溶解度常比粗晶质的高。不等粒结构比等粒结构的相对溶解度更大,但是粗粒结构易于使水流渗透,这在一定程度上促进了溶解作用。除此之外,还要考虑胶结物质和胶结情况等的影响,所以岩石的结构对岩溶可溶性的影响是比较复杂的,必须从多方面考虑。

中国碳酸盐岩分布的总面积达 344 万 km^2,约占全国陆地面积的 1/3,其中裸露的碳酸盐岩面积约 125 万 km^2。碳酸盐岩包括灰岩、白云岩及其过渡类型和变质产物。中国碳酸盐岩主要集中分布于华南、华北和扬子三大地块,厚度都在 1000m 以上,除了西藏地区出露侏罗系—白垩系碳酸盐岩及南海诸岛有现代沉积的碳酸盐岩以外,大部地区都是三叠纪及三叠纪以前的碳酸盐岩。由于碳酸盐岩集中分布区都属地台型沉积,故岩石成分较纯、连续厚度大、分布稳定。由于时代老,岩石受到成岩后生作用的强烈改造,故碳酸盐岩又具有孔隙度低、力学强度大的特点。这些特点直接影响着岩石的含水性和岩溶发育。

1. 碳酸盐类岩石的成分和分类

碳酸盐类岩石的矿物成分主要是方解石($CaCO_3$)和白云石[$CaMg(CO_3)_2$],其次是SiO_2、Fe_2O_3、Al_2O_3及一些黏土物质。碳酸盐类岩石通常以其组成的成分进行分类和命名,划分为灰岩和白云岩两大类型及一系列过渡类型,凡岩石中含有50%以上的方解石或文石的属灰岩类;含有50%以上白云石的属白云岩类;两者之间的过渡类型,是按方解石和白云石的含量分类,具体是按CaO和MgO的含量比值来划分的(表3-1~表3-3)。

表3-1 碳酸盐岩成分分类

岩石名称	含量(%)		CaO：MgO
	方解石	白云石	
灰岩	>95~100	<5~0	>50.1
含白云质灰岩	>75~95	<25~5	>9.1~50.1
白云质灰岩	>50~75	<50~25	>4~9.1
灰质白云岩	>25~50	<75~50	>2.2~4
含灰质白云岩	>5~25	<95~75	>1.5~2.2
白云岩	0~5	100~95	1.4~1.5

表3-1的成分分类还可以再细分(表3-2)。

表3-2 碳酸盐岩成分细分

岩石类型	含量(%)	
	方解石	白云石
灰岩	100~95	0~5
弱白云岩化灰岩	<95~80	>5~20
中白云岩化灰岩	<80~65	>20~35
强白云岩化灰岩	<65~50	>35~50
强灰岩化白云岩	<50~35	>50~65
中灰岩化白云岩	<35~20	>65~80
弱灰岩化白云岩	<20~5	>80~95
白云岩	<5~0	>95~100

砂质碳酸盐质及黏土碳酸盐质岩石的分类见表 3-3。

表 3-3　砂质碳酸盐质及黏土碳酸盐质岩石的分类

岩石名称	含量(%)		岩石名称	含量(%)	
砂岩-灰岩（白云岩）	砂质	方解石（白云石）	黏土-灰岩（白云岩）	黏土质	方解石（白云石）
砂岩	>95~100	<5~0	黏土	>95~100	<5~0
含灰质(白云质)砂岩	>75~95	<25~5	含灰质(白云质)黏土	>75~95	<25~5
灰质(白云质)砂岩	>50~75	<50~25	黏土质泥灰岩(白云质黏土岩)	>50~75	<50~25
砂质灰岩(白云岩)	>25~50	<75~50	泥灰岩(白云质泥灰岩)	>25~50	<75~50
含砂质灰岩(白云岩)	>5~25	<95~75	灰质(白云质)泥灰岩或黏土质灰岩(白云岩)	>5~25	<95~75
灰岩(白云岩)	0~5	100~95	灰岩(白云岩)	0~5	100~95

上述表中的组分含量是指化学成分质量百分比，计算公式如下：

$$组分含量 = \frac{组分分子量}{总分子量} \times 100\% \tag{3-1}$$

如纯灰岩($CaCO_3$)中 CaO 的质量百分比：

$$\frac{m(CaO)}{m(CaCO_3)} \times 100\% = \frac{40.1+16}{40.1+12+3\times 16} \times 100\% \approx 56\%$$

纯灰岩($CaCO_3$)中 CO_2 的质量百分比：

$$\frac{m(CO_2)}{m(CaCO_3)} \times 100\% = \frac{12+2\times 16}{40.1+12+3\times 16} \times 100\% \approx 44\%$$

纯白云岩[$CaMg(CO_3)_2$]中 $MgCO_3$ 的质量百分比：

$$\frac{m(MgCO_3)}{m[CaMg(CO_3)_2]} \times 100\% = \frac{24.3+12+3\times 16}{24.3+12+3\times 16+40.1+12+3\times 16} \times 100\% \approx 45.7\%$$

纯白云岩[$CaMg(CO_3)_2$]中 $CaCO_3$ 的质量百分比：

$$\frac{m(CaCO_3)}{m[CaMg(CO_3)_2]} \times 100\% = \frac{40.1+12+3\times 16}{24.3+12+3\times 16+40.1+12+3\times 16} \times 100\% \approx 54.3\%$$

在岩溶研究中，碳酸盐岩的化学成分一般只分析 CaO、MgO、CO_2 和酸不能溶解的杂质，若杂质含量超过 5% 时，可再分析杂质的组分。

灰岩中常见的杂质有白云石、石英、海绿石、石膏、萤石、菱铁矿、硫化物、铁锰氧化物、磷酸盐矿物、黏土和有机质等。白云岩中常见的杂质有石膏、硬石膏、铁的硫化物、天青石、玉髓、铁的氧化物、菱铁矿、萤石和有机质等。

碳酸盐岩的矿物成分对岩溶发育有明显影响。在自然界中，灰岩比白云岩易溶蚀，白云岩比硅质灰岩易溶蚀，硅质灰岩又比泥灰岩易溶蚀，这是灰岩的成分以方解石为主的缘故。岩石中如果矿物成分不均一，将影响岩溶作用，特别是一些不可溶解的杂质，如 SiO_2 和 Fe_2O_3、Al_2O_3 等倍半氧化物，在岩溶发育过程中，充填于岩石裂隙中，使地下水通过困难，这不但使岩溶发育程度减弱，并对岩溶地貌产生影响。

碳酸盐岩矿物成分的溶蚀特征主要取决于矿物的溶解度，矿物的溶解度又与晶格能有关,总体规律是晶格能越大,矿物的溶解度越小;晶格能越小,矿物溶解度越大。关于这方面的研究,在1962年 Д. С. Соколв做了大量的工作,并得出三大类可溶岩矿物(石盐、石膏、碳酸盐矿物)溶解度的差别首先取决于它们的晶格能的结论(表3-4)。

表3-4 三大类可溶岩矿物的晶格能与溶解度(修改自 Д. С. Соколв,1962)

矿物名称	矿物化学成分	晶格能(cal/mol) (10^5Pa,18℃)	溶解度(g/L) (10^5Pa,25℃)
石盐	NaCl	183	360
硬石膏	$CaSO_4$	642	2.8
石膏	$CaSO_4 \cdot 2H_2O$	650	2.4
方解石	$CaCO_3$	700	0.013
白云石	$CaMg(CO_3)_2$	745	0.01

从表3-4可知,白云石的晶格能大于方解石的晶格能是白云石的溶解度小于方解石的内在原因,也是灰岩比溶蚀度大于白云岩比溶蚀度的内在原因。因此,灰岩的溶蚀作用比白云岩强。

碳酸盐岩化学成分溶蚀特征主要取决于$w(CaO)/w(MgO)$值。根据1986年高道德等的研究可知,$w(CaO)/w(MgO)$值越大,比溶蚀度越大;$w(CaO)/w(MgO)$值越小,比溶蚀度越小。由此可知,在灰岩、白云岩系列中,灰岩比溶蚀度和比溶解度大于白云岩,且具有比溶蚀度随$w(CaO)/w(MgO)$值的增大而增大的规律。据1990年俞锦标等的研究可知,灰岩比溶蚀度和比溶解度大于白云岩,随岩石中CaO含量的增加,比溶蚀度和比溶解度都增加,CaO对溶解和溶蚀起促进作用,MgO对溶解和溶蚀起阻碍作用,其他成分的存在不利于岩石的溶解,但酸不溶物能促进溶蚀过程中的物理破坏作用。

2. 碳酸盐类岩石的结构-成因分类

上述碳酸盐岩的分类只反映岩石的物质成分,即化学和矿物组成成分,却不能反映岩石的成因、形成时的环境和成岩后生变化等情况。根据成因,中国碳酸盐岩主要分为三大类。

(1)各种成分的大理岩及结晶灰岩:主要是在变质作用过程中形成,常呈粒状变晶镶嵌结构。

(2)白云岩:主要是在成岩后生阶段由化学作用形成,常呈晶粒结构。

(3)灰岩:主要是浅海相碳酸盐台地沉积的碎屑成因或生物成因灰岩,颗粒常呈泥晶结构、亮晶颗粒结构及生物结构。

随着社会的发展,近年来国际上对碳酸盐岩的研究十分重视,提出许多新的分类。具有代表性的是美国Folk按岩石的结构特征,对碳酸盐岩进行的分类,同时他提出了能量指数这一概念,进一步反映了碳酸盐岩的沉积环境及孔隙率、渗透率与生油储油的关系,较全面地考虑了碳酸盐岩的组成部分、结构特征及其与成因、沉积环境的联系,科学性较强,具有重要的理论意义和实际意义。

Folk认为碳酸盐岩的沉积模式与碎屑岩有相似之处。碳酸盐岩的结构特征与沉积环境密切有关,主要受沉积地区的水流和波浪作用的控制。不同成因类型的碳酸盐岩具有不同的结构类型,不同结构类型又不同程度地影响到岩溶发育。

大部分碳酸盐岩,尤其是灰岩,可以根据颗粒、泥晶、亮晶和孔隙4种结构组分及其含量进行分类。

(1)颗粒(又称粒屑、碎屑、异化粒等)。灰岩中的颗粒是经过搬运,具有一定结构特征的、复杂的碳酸盐集合体。碳酸盐岩中的粒屑是在沉积盆地内由化学、生物化学或机械作用形成的碎屑,又在盆地内就近或经短距离搬运沉积下来,所以可以称为内碎屑或盆屑。颗粒主要可分为内碎屑、生物碎屑、鲕粒、团粒和团块5种类型。

(2)泥晶(又称泥晶基质、微晶基质或灰泥)。它是基质颗粒粒径小于0.004mm的碳酸盐软泥,相当于泥质砂岩中的黏土基质,包括原始沉淀的泥晶文石、泥晶方解石、微晶方解石,以及经过搬运的泥屑、微屑等。它是与粒屑同时沉积的由化学、生物化学或机械作用形成的碳酸盐物质。泥晶的存在及含量的多少反映了海水能量的大小。若沉积界面附近海水动荡强,冲刷作用明显,则泥晶会被部分或全部冲刷掉;相反,水动力愈弱,泥晶含量愈高。

(3)亮晶(又称淀晶或淀晶胶结物)。它是充填在碳酸盐岩原始颗粒间孔隙中的化学沉淀的结晶碳酸盐物质,由干净的、较粗的方解石晶体组成,粒径常大于0.01mm,以正常化学沉积充填在粒间孔隙中,起胶结作用,故称淀晶胶结物。它的存在说明沉积时水动力较强,水动力将原始颗粒间的灰泥冲刷掉,留在孔隙中的富含$CaCO_3$的水溶液,在成岩阶段结晶而成明亮的晶体,故称亮晶。

(4)孔隙。从碳酸盐岩储集层来看,孔隙是很重要的结构组分。孔隙也是岩溶作用中水对岩石产生溶解的原始空间类型之一。

碳酸盐岩的结构类型不但影响岩溶作用的强弱,而且是岩石分类命名的基础。结构类型和岩石分类命名的原则是一致的,只是结构不列成分,而岩石名称则要加上矿物成分。现将碳酸盐岩常见的结构类型列于表3-5和表3-6。

表3-5 碳酸盐岩的结构类型(修改自任美锷等,1983)

粒屑含量	主要填充物	粒屑类型						
		内碎屑	生物碎屑	鲕粒	团粒	团块	两种粒屑混合者	三种以上粒屑混合者
>50%	淀晶	淀晶内碎屑结构	淀晶生物碎屑结构	淀晶鲕粒砂屑结构	淀晶团粒结构	淀晶团块结构	淀晶鲕粒砂屑结构	淀晶粒屑结构
	微晶	微晶内碎屑结构	微晶生物碎屑结构	微晶鲕粒结构	微晶团粒结构	微晶团块结构	微晶砂屑介屑结构	微晶粒屑结构
	淀晶—微晶	淀晶—微晶内碎屑结构	淀晶—微晶生物碎屑结构	淀晶—微晶鲕粒结构	淀晶—微晶团粒结构	淀晶—微晶团块结构	淀晶—微晶含砂砾屑介屑结构	淀晶—微晶粒屑结构

续表 3-5

粒屑含量	主要填充物	粒屑类型						
		内碎屑	生物碎屑	鲕粒	团粒	团块	两种粒屑混合者	三种以上粒屑混合者
50%~25%	微晶	内碎屑微晶结构	生物碎屑微晶结构	鲕粒微晶结构	团粒微晶结构	团块微晶结构	藻屑藻团微晶结构	粒屑微晶结构
25%~10%	微晶	含内碎屑微晶结构	含生物碎屑微晶结构	含鲕粒微晶结构	含团粒微晶结构	含团块微晶结构	含骨屑、砂屑微晶结构	含粒屑微晶结构
<10%	微晶	微晶结构	微晶结构				微晶结构	

注:残余结构时,内碎屑、生物碎屑、鲕粒、团粒、团块对应的结构类型分别为残余内碎屑结构、残余生物碎屑结构、残余鲕粒结构、残余团粒结构、残余团块结构。

表 3-6　不同粒径对应的碳酸盐岩的结构类型(修改自任美锷等,1983)

类别	≥2mm	<2~1mm	<1~0.5mm	<0.5~0.25mm	<0.25~0.05mm	<0.05~0.03mm	<0.03~0.005mm	<0.005mm
主要指粒屑>50%的晶粒结构	砾晶结构	极粗晶结构	粗晶结构	中晶结构	细晶结构	粉晶结构	微晶结构	泥晶结构
内碎屑进一步划分(指内碎屑>50%)	砾晶结构	极粗砂屑结构	粗砂屑结构	中砂屑结构	细砂屑结构	粉屑结构	微屑结构	泥屑结构

结构类型的划分是岩石分类命名的基础。结构加上矿物成分就成了岩石的名称,如细晶白云岩。

根据碳酸盐岩的结构-成因分类,碳酸盐岩基本上是由颗粒、泥晶碳酸盐基质和亮晶碳酸盐胶结物组成。按每种组分相对比例计算,可以划分为3个主要类型,加上礁岩及交代白云岩,一共有5个主要类型:亮晶粒屑碳酸盐岩,泥晶粒屑碳酸盐岩,泥晶碳酸盐岩,原地生物礁岩和化学岩,成岩交代与重结晶亮晶碳酸盐岩。

岩石分类命名的前一部分反映结构组成特征,后一部分反映岩石矿物成分。结构组分中颗粒含量大于50%时,将颗粒级类型置于前面,颗粒间的主要物质置于后面;如颗粒含量低于50%,则相互倒置。碳酸盐岩的结构-成因类型见表3-7。

表 3-7　碳酸盐岩的结构-成因类型（据任美锷等，1983）

成因成分分类	颗粒含量(%)	亮晶/泥晶	碎屑	骸粒	包粒	球粒	成因特征	岩石结构-成因类型
灰岩	90		碎屑碳酸盐岩	骸粒碳酸盐岩	包粒碳酸盐岩	球粒碳酸盐岩	异常化学沉淀；交代作用	亮晶粒屑碳酸盐岩
		>1	碎屑亮晶碳酸盐岩	骸粒亮晶碳酸盐岩	包粒亮晶碳酸盐岩	球粒亮晶碳酸盐岩	异常化学沉淀；交代作用；重结晶作用	亮晶粒屑碳酸盐岩
		<1	碎屑泥晶碳酸盐岩	骸粒泥晶碳酸盐岩	包粒泥晶碳酸盐岩	球粒泥晶碳酸盐岩	异常化学沉淀	泥晶粒屑碳酸盐岩
部分交代白云岩	50	>1	亮晶碎屑碳酸盐岩	亮晶骸粒碳酸盐岩	亮晶包粒碳酸盐岩	亮晶球粒碳酸盐岩	异常化学沉淀；交代作用；重结晶作用	亮晶粒屑碳酸盐岩
		<1	泥晶碎屑碳酸盐岩	泥晶骸粒碳酸盐岩	泥晶包粒碳酸盐岩	泥晶球粒碳酸盐岩	异常化学沉淀	泥晶粒屑碳酸盐岩
原生白云岩	10		泥晶碳酸盐岩；扰动泥晶灰岩；泥晶灰岩				正常化学沉淀；重结晶作用	泥晶粒屑碳酸盐岩；成岩交代与重结晶亮晶碳酸盐岩
			生物礁岩、钙化、泉化等				原地生物及化学堆积	原地生物岩及化学岩
交代白云岩	无颗粒痕迹		亮晶白云岩				交代作用；重结晶作用	成岩交代与重结晶亮晶碳酸盐岩
变质碳酸盐岩							变质作用	变质碳酸盐岩

3. 碳酸盐类岩石的成岩环境

控制碳酸盐沉积物成岩作用的基本要素有两个方面：一是由沉积环境决定了原始碳酸盐物质成分特征；二是不同的成岩环境决定了成岩作用的性质和过程，它可以改变岩石的化学成分、结构和构造特征，因此成岩环境的不同可以促进或延续后来的岩溶作用，可以加强或减弱岩溶发育。

碳酸盐沉积物的生成受自身形成地区所处沉积环境的影响很大，碳酸盐沉积物的成岩作用也受环境的影响很大。沉积环境因素主要有沉积区的地貌部位、沉积相特征、地球化学要素、气候变化和地壳运动引起的海平面变化、气候环境等。

成岩环境对成岩过程有以下几方面的影响。

(1) 物理过程：压密、收缩、脱水、干燥、内部构造变动、机械破坏、侵蚀破坏等。

(2) 物理化学过程：是以不同类型和不同性质的水溶液为中心发生的溶解和交代作用、有液态和固态间的化学反应，溶解、淋滤、溶脱、氧化、还原、沉淀、凝聚、合成等，并随着水溶液浓度的加大，产生胶结、重结晶、自生矿物、连晶及各种交代作用等。

(3) 生物化学过程：由生物（特别是细菌、藻）的作用引起沉积物混合、破坏和集中的过程，以及生物掘穴、穿孔等。

例如，在海水成岩环境中，正常盐度海水中沉积物与海水作用往往产生以下现象。

在碎屑颗粒和生物碎屑边缘形成纤维状或柱状方解石、形成粒状岩第一代胶结的亮晶方解石，但它形成需要有富镁的水解质条件。如果在盐化的潟湖环境，由于蒸发作用，可以出现准同生白云石化。这种白云石化的原始沉积物可以是粒状岩，也可以是泥状岩。

泥晶化，粒状岩的颗粒形成泥晶套或包壳。对于孔隙来说，当泥晶化适中时，对铸模孔起保护层作用，使孔隙保存起来；如果泥晶化太弱，泥晶套不能支撑以后的压实作用而被压实，缩小孔隙，降低地下水的渗透和运动；如果泥晶化太强，大部分或全部孔隙泥晶化就会降低孔隙率，将妨碍以后的溶蚀作用和岩溶的发育。

在海水的潮上带和浪击岸上带，因蒸发加强而白云石化，降低了岩石的孔隙率和相对溶解度，对岩溶作用是不利的。

又如沉积物在不同环境内沉积以后，或因海平面下降海水退却，或因地壳抬升，使沉积物暴露于大气内，在大气淡水成岩环境中，接受大气降水的作用。这种淡水与含盐的海水的地球化学过程完全不同。

在地下水垂直流动的渗流带内，以溶解作用和去白云化作用为主。岩石碎屑和生物碎屑的部分或全部可以被溶解，仅保留泥晶套的铸模孔；鲕粒灰岩的周围或核心可以溶蚀成溶模孔，或因溶蚀速度不同而凹凸不平。这些溶孔有时被后期次生方解石充填。去白云化作用是因淡水淋溶，方解石起交代作用，也可形成微孔隙和微裂隙。因此，在灰岩中可以出现负鲕，或在一些粒内孔中，部分被次生淡水方解石充填，部分未被充填（可以增加孔隙率）。特别值得提及的是，在大气淡水条件下形成的泥裂、干缩结构和构造加大了孔隙率，有利于以后的岩溶发育。

在地下水水平流动的饱水带环境中，则以充填作用和压实作用为主。渗流带的大气淡水向下渗流，当抵达地下水面附近，水溶液一般就变成过饱和溶液，在饱水带中产生充填作用，并可在粒间孔中形成二代、三代粒状方解石胶结物。如在粒间呈栉壳状、马牙状垂直于鲕粒边缘生长的二代、三代方解石。随着沉积物中溶解现象的发生并下降埋藏于地下，压实作用就使一些软弱的泥晶套被压折，使原始的孔隙水部分被压出，并提供一部分 $CaCO_3$。这些都能减小成岩的孔隙率。但压实作用也可形成一些微小的压溶缝合线，有利于以后地下水的渗透。

在地下覆埋环境下，由于沉积物覆埋于地下，上覆的其他沉积物首先产生重力压实作用，缩小下伏沉积物的孔隙和降低孔隙率，但同时压出的晶内水和粒间水又可溶解沉积物，增加了裂缝。压实作用的影响是多方面的,沉积物加厚必然引起温度和压力的变化,水解质的物理性质和化学性质也相应变化,覆埋初始时出现微小缝合线和深埋地下的粗大缝合线竞相发育。

缝合线是在覆埋条件下由后生压溶和构造压溶形成的,可能是由于压实作用,压力相对集中,含 CO_2 的溶液溶解 $CaCO_3$,使难溶物和不溶物在一定部位沉积下来的构造。所以,缝合线可以穿过鲕粒和重结晶的生物介壳,而鲕粒和介壳又不变形。较粗大的缝合线中可见不溶解物质石英碎屑、黄铁矿、海绿石等。因此,沉积物若为厚层且含灰质和泥质,则更容易生成缝合线。缝合线对岩溶发育有重要作用,许多溶蚀作用就从这种犬牙交错的镶合构造开始的。缝合线形成以后,地质应力作用可使这种凹凸的镶合面松动、变形和变位,岩溶水沿缝合线运动,不少溶洞的发育与缝合线有关。

4. 碳酸盐岩的物理性质

绝大部分灰岩的孔隙度都小于2%,渗透率几乎为零。白云岩的孔隙度都小于4%,但比灰岩要高,渗透率也相应较高。

经研究发现,凡是孔隙度大于2%,孔隙喉道大于或等于0.1mm的孔隙结构,都具有流体快动的渗流特征;孔隙度<2%,孔隙喉道在0.1mm~0.2μm之间的孔隙结构,具流体慢动的渗流特征;孔隙度小于或等于2%,孔隙喉道小于或等于0.2μm的孔隙,属流体不动部分,是无效孔隙。因此,白云岩大都有孔隙含水的特征,含水性比较均匀。而灰岩的孔隙大部分是无效的,主要是因为裂隙和溶洞,含水性极不均匀。

根据大量试验资料统计,将碳酸盐岩中的代表岩石(灰岩、白云质灰岩、白云岩、泥(质)灰岩)的各项物理性质指标进行比较,从灰岩向白云岩过渡,岩石的相对密度、密度、孔隙率都有增加的趋势,吸水率则以泥(质)灰岩最高(表3-8)。

表3-8 碳酸盐岩主要物理性质指标

岩性	相对密度	密度(g/cm^3)	孔隙率(%)	吸水率(%)
灰岩	2.73	2.69	1.06	0.34
白云质灰岩	2.79	2.76	1.39	0.39
白云岩类	2.84	2.78	1.96	0.51
泥(质)灰岩	2.75	2.61		1.43

注:本表根据猫跳河梯级电站、构皮滩、彭水、天生桥、古洞口、长顺、鲁布革、乌江渡、隔河岩、万家寨、天桥、东风等大中型电站的数百个试验资料的平均值编制。

5. 岩溶层组类型及其时空变化规律

除了考虑可溶岩的化学成分和结构之外,还必须考虑可溶岩层的组合结构,如在单一岩层(即全部为可溶岩)与夹层(以可溶岩为主,夹少许非可溶岩)、互层(可溶岩与非可溶岩互层)和间层(以非可溶岩为主,夹少许可溶岩)分布的地区,在单层厚度很小和单层厚度很大的地区,岩溶的发育和分布是不相同的。在单一岩层或夹层分布区,岩溶一般是成片分布,发育也很良好,如广西、贵州和云南的一些地区。在互层分布地区,岩溶一般是呈带状分布。在间层分布地区,不管岩层产状平缓或陡倾,以及单层厚或薄,岩溶分布一般都是孤立的条带或零星的小块。

根据碳酸盐岩与非碳酸盐岩的厚度比例及其组合形式,岩溶层组类型可划分为连续型、夹层型、互层型[某两种岩层层数较多而连续厚度均较小(<20m)]、间层型[某两种岩层层数较少而连续厚度均较大(20~50m)]及它们的复合型(图3-1)。

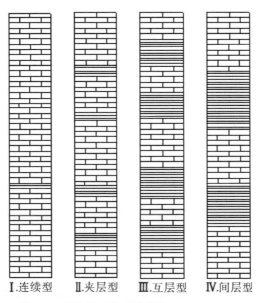

图 3-1 岩溶层组类型示意图(据袁道先,1994)

以纪为时间单位,对中国东部碳酸盐岩集中分布的几个地区进行统计,各时代的岩溶层组类型如图 3-2 所示。

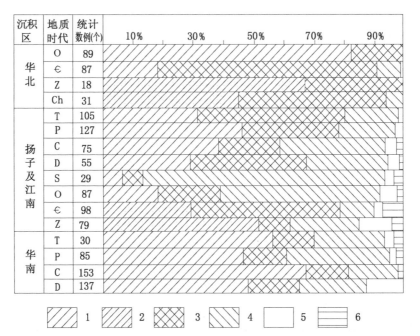

1.灰岩连续型;2.白云岩连续型;3.连续型与间层型复合;4.间层型;5.间层型与互层型复合;6.夹层型或互层型

图 3-2 中国东部岩溶层组类型统计对比图(修改自李大通等,1985)

图 3-2 表明,从时间序列看,寒武纪以前的碳酸盐岩以白云岩连续型或连续型与间层型的复合为主,白云岩的比例随着时代的变新而减少;奥陶纪以后的碳酸盐岩则以灰岩连续型或连续型与间层型的复合为主,灰岩的比例随着时代的变新而增加。所以,中国的岩溶主要发育于奥陶纪以后的地层中。

二、水的溶蚀作用

1. 水中碳酸的生成

水中碳酸的形成,主要是因为水中溶解了 CO_2。形成碳酸的 CO_2 来源很多,主要是空气、生物作用、土壤等。水的温度、压力、pH、Eh 等对水中 CO_2 的溶解都会有影响。

含有碳酸的水,可大大地提高碳酸盐类岩石的溶解度,这种水被称为侵蚀性水。一般在一个标准大气压下,100 体积水内溶解 CO_2 的体积是随着温度的升高而降低的,其与温度的关系见表 3-9。

表 3-9 温度与溶解 CO_2 的体积关系

温度	0℃	10℃	20℃	25℃	40℃	60℃
溶解的 CO_2	171	119	88	75.7	49.4	36

水中 CO_2 溶解多少还与 CO_2 的分压有关(正常大气压时,CO_2 分压为 0.000 3 个标准大气压,一般以 $\rho_{(CO_2)}$ 表示),CO_2 的分压愈大,水中溶解的 CO_2 愈多,反之则愈少。

水中溶解的 CO_2 不全是变成碳酸,而只是其中一部分呈化学状态并与水结合成碳酸,这样生成的碳酸对碳酸盐类岩石可以起溶蚀作用。

形成碳酸的 CO_2 来源很多,但在碳酸盐岩分布地区生成碳酸的主要来源是生物成因的 CO_2,它们可以凝集在土壤的表面。在降水时,雨水渗漏过程中吸收 CO_2,部分成为碳酸,加强溶蚀作用。根据 1979 年贵州普定县灰岩上土壤中 CO_2 的测定,在高温时(27.7℃),地面空气中与 5cm 深的土壤层中 CO_2 含量近似(3.5% 左右),土壤层 30cm 深度内的 CO_2 含量,阔叶林比针叶林(桦树林与马尾松林)高 1 倍;温度较低时(15℃),土壤层中的 CO_2 含量比地面空气中高 1~5 倍,这是植物在高温时呼吸较旺盛的结果。

土壤中 CO_2 运动的研究表明,CO_2 最大浓度集中在 0.4~0.5m 和 2~3m 深度内,当大气降水入渗到这些地段时,其中的 CO_2 形成碳酸向深处移动,溶蚀碳酸盐类岩石。这足以证明在有茂盛植物覆盖的厚层土壤层下,岩溶作用要比裸露地区强烈得多。当然,CO_2 在向下移动过程中,有一部分往往被土壤层中的碳酸盐化合而损耗。

近年来对洞穴空气中的 CO_2 含量做的大量测定工作表明,洞穴空气中的 CO_2 要比大气中 CO_2 的平均含量(0.003%)高得多。洞穴中的 CO_2 含量在洞壁的裂缝、靠近裂缝处或离主通道较远的小裂隙中最高。这些 CO_2 是充气带节理和裂缝中细菌或微生物对有机质的分解作用释放出来的,渗漏水与 CO_2 反应生成碳酸,所以在土壤层以下很深的地方还可出现溶蚀作用。

2. 水中其他酸的生成

除了碳酸,其他酸对岩溶作用也有明显的影响,主要有无机酸(硫酸、硝酸等)和生物成因的有机酸(醋酸、蚁酸、草酸等)。

硝酸是侵蚀性水的主要生成者,它主要来源于暴雨的夹带,因而使降水中酸度大大提高(pH 为 3.0~3.6)。在火山地区暴雨的酸度更大(pH 为 2.4~4.5)。硝酸与碳酸钙化合反应式为:

$$CaCO_3 + 2HNO_3 \rightleftharpoons Ca(NO_3)_2 + H_2O + CO_2 \uparrow$$

碳酸钙与磷酸二氢钙、磷酸铵作用,同样具有侵蚀性,一样产生岩溶作用,反应式如下:

$$CaCO_3 + Ca(H_2PO_4)_2 \longrightarrow 2CaHPO_4 + H_2O + CO_2 \uparrow$$

$$3CaCO_3 + 2(NH_4)_3PO_4 \longrightarrow Ca_3(PO_4)_2 + 3(NH_4)_2CO_3$$

大气降水本身侵蚀性虽然不大,但经过植物的树冠、树干和树根及林下的枯枝落叶层,酸度则大幅度增加,侵蚀性也增强。因为植物的叶、茎、根含有 CO_2 增加了水的酸性。枯枝落叶层中含有大量醋酸、蚁酸、草酸、琥珀酸和柠檬酸等有机酸。这些有机酸与碳酸盐类岩石作用,可以促进溶液中的 Ca^{2+}、Mg^{2+} 发生迁移,甚至变成沉淀物,呈悬浮状难溶盐形式被水流带走,增加了溶蚀作用。同时有机酸与碳酸盐类岩石作用后还可以析出碳酸,反应式如下:

$$2H(COOH) + CaCO_3 \rightleftharpoons Ca(HCOO)_2 + H_2CO_3$$
　　蚁酸

$$2CH_3COOH + CaCO_3 \rightleftharpoons Ca(CH_3COO)_2 + H_2CO_3$$
　　醋酸

$$(COOH)_2 + CaCO_3 \rightleftharpoons Ca(COO)_2 \downarrow + H_2CO_3$$
　　草酸

各反应式均分解出碳酸,其可继续溶解碳酸盐类岩石,直到被水流带走为止。

总的看来,侵蚀水中既有碳酸、硝酸和硫酸等无机酸,又有生物成因的碳酸、蚁酸、醋酸等,还有大气本身的酸。根据这些指标,匈牙利学者在1973年提出全球性范围的碳酸盐类岩石溶蚀作用中生物化学作用的数量等级评价。他认为除极地以外,所有地带大气成因的碳酸对岩溶作用影响不大,无机成因的碳酸和无机酸的数量是随着温度和湿度的提高而增大,但是这种无机成因的酸类对岩溶作用的意义并不是十分重要的(图3-3)。相反,除了干燥地区外,在所有地带中,土壤内生物成因的碳酸和有机酸对碳酸盐类岩石的溶蚀作用都是很大的。干燥地区生物成因的酸类均因缺水,活动极其微弱。表3-9列出了各种酸类在不同气候带对岩溶作用的数量和强度的百分数。

表3-10 中的5个岩溶-气候带,也就是图3-3 中的5 个带:①高纬冰缘带,包括极地、亚极地和高山带;②湿润温带;③地中海地带,包括干燥草原;④干燥荒原带;⑤热带,包括干燥热带草原和亚热带信风带。热带地区因侵蚀性水的来源主要为生物成因和有机酸,岩溶发育最强,而干燥荒漠地区由于有机酸和生物作用微弱而岩溶作用最为微弱。假如把干燥荒原带岩溶的剥蚀强度定为一个单位,那么高纬冰缘地带的剥蚀强度为5,湿润温带为8,地中海地带为11,而热带为71。由此可见,不同地带中不同气候是控制岩溶作用的动因,水和热的关系决定着岩溶作用的强度。

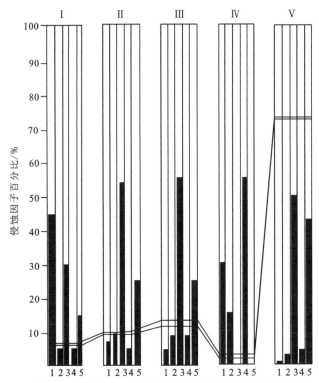

1.大气中碳酸;2.无机碳酸;3.生物碳酸;4.无机酸;5.有机酸
Ⅰ.高纬冰缘带;Ⅱ.湿润温带;Ⅲ.地中海地带;Ⅳ.干燥荒原带;Ⅵ.热带

图 3-3　不同岩溶-气候带中主要侵蚀因子百分比的分配和岩溶剥蚀平均速度（据任美锷等,1983）

表 3-10　在不同岩溶-气候带各种酸在岩溶作用中的作用（据任美锷等,1983）

类别	高纬冰缘带		湿润温带		地中海地带		干燥荒原带		热带	
	加入百分比（%）	溶蚀强度	加入百分比（%）	溶蚀强度	加入百分比（%）	溶蚀强度	加入百分比（%）	溶蚀强度	加入百分比（%）	溶蚀强度
大气碳酸	45	2.7	7	0.63	4	0.48	30	0.3	0.5	0.36
无机碳酸	5	0.3	9	0.81	8	0.96	15	0.15	2.5	1.8
生物成因碳酸	30	1.8	54	4.86	55	6.6	0	0	50	36
无机酸	5	0.3	5	0.45	8	0.96	55	0.55	4	2.88
有机酸	15	0.9	25	2.25	25	3	0	0	43	30.96

3. 生物作用

生物成因 CO_2 合成醋酸、蚁酸、草酸等有机酸。生物对开放系统中岩溶作用的重要影响是多方面的。如我国亚热带岩溶带溶蚀强度的宏观增强；土下 CO_2 含量在夏季大幅度升高；

土下溶蚀试片失重[标准溶蚀试片法*(查瑞生和匡鸿海,2013)测得]且大于地面等。这些作用也直接反映在各地的岩溶形态上,并说明了生物作用在总体上塑造我国岩溶景观中的重要地位。如桂林市雁山附近的溶蚀平原中,将一块灰岩露头周围的土层挖去后,露出其四周向里凹入的基座,生动地说明了土下溶蚀作用的重要性。

Jennings(1985)在研究灰岩表面溶蚀小形态的形成过程时指出灰岩表面是否有植被(包括低等植物藻类、地衣、苔藓等和高等值物)覆盖是影响灰岩表面溶蚀重要的因素之一,并认为许多地表溶蚀小形态的产生都与一定条件下生物的生长相对应。微溶孔、溶孔、溶坑、溶盆的一个共同特点是平面上均呈圆形封闭溶洼,说明它们发育不受岩石的裂隙、节理及流经岩石表面的水流控制,而只受控于生物的溶蚀作用。生物微溶孔分布极为广泛,主要有两种:地衣微溶孔和藻类微溶孔。其中地衣微溶孔的形成大都经历两个阶段:首先地衣藻类在灰岩表面进行光合作用,并溶蚀表层,使其变成疏松并带覆盖层的栅栏状多孔层,然后多孔层内的藻体再利用这种遮蔽良性环境,富集养分供给地衣体。地衣真菌获得养分后,便大量繁殖并向灰岩内部钻孔。当地衣体生长到一定阶段,其繁殖器官子实体逐渐形成,由少渐多,由稀渐密。为了更好地存活,子实体多埋没于灰岩内部,仅使带有黑色碳物质的外壳暴露在空气中而形成地衣微溶孔。

生物岩溶溶蚀作用,一般认为是生物成因的碳酸、生物分泌的酸性物质及微生物分解有机质产生的酸性物质的酸蚀作用,为间接作用。除干燥地区,土壤内生物成因碳酸对碳酸盐岩的溶蚀作用是很大的。生物体对灰岩发生直接作用并产生特征性的溶蚀产物,为直接作用。曹建华等(2001)对桂林地区灰岩表面生物溶蚀产物进行了研究,在每一溶蚀产物的纵剖面上,由表及里似存在一个钻孔溶蚀剖面→岩表生物层或生物有机质层→多孔疏松钻孔层→密集钻孔层→稀疏钻孔层过渡到无生物钻孔层。这一生物钻孔溶蚀层的存在改变了灰岩表层的结构,大大提高了岩石化学溶蚀的有效表面积,降低了岩石表面物理机械强度。

生物沉积碳酸盐岩的主要机理有两种:①光合同化作用。水生植物、微生物通过光合同化作用,利用水体中 HCO_3^- 和 CO_2 中的碳元素,提高水溶液的 pH 值而引起碳酸盐的沉淀。②生物生理、生态习性。生物通过自身的生理、生态过程引起的碳酸盐岩沉积,如颗石藻产生的颗石粒是在藻细胞内的液泡中形成的。

4. 土壤作用

土壤对岩溶作用的影响也很显著。化学溶蚀作用过程中所需要的 CO_2 主要由土壤提供。研究表明,CO_2 最大浓度集中在距地表 0.4~0.5m 和 2~3m 的两个深度内,当大气降水入渗时,这些地段内的 CO_2 以碳酸的形式向深处移动,溶蚀岩石。因此,在植被覆盖的厚层土壤层下,岩溶作用要比裸露区强烈得多。

5. 溶蚀化学反应过程

岩溶水的溶蚀力是岩溶发育的必要条件。天然水的溶蚀力多半取决于其中的碳酸含量,

---

* 标准溶蚀试片法是将统一制作的标准碳酸盐岩试片(通常为圆形,直径 4cm,厚度 3~5mm,表面积 28~31cm^2,质量 10~25g)放置于空中、土壤表面和土壤不同深度,一定时间(通常 1 水文年)后取出称质量,从试片质量的减少来评价岩溶作用强度及其消耗的大气或土壤 CO_2 量。

即水中游离 CO_2 的存在。碳酸与碳酸盐作用,转化为重碳酸,这样水的溶蚀力就可大幅度增加。

碳酸盐岩溶蚀过程的化学机制是 CO_2、水和岩石间的化学反应过程。其反应过程如下。

CO_2 进入水中转变为溶解的 CO_2:大气、土壤中的 $CO_2 \rightleftharpoons$ 水中溶解的 CO_2

水中溶解的 CO_2 与水作用形成碳酸:$CO_2 + H_2O \rightleftharpoons H_2CO_3$

碳酸的离解:$H_2CO_3 \rightleftharpoons H^+ + HCO_3^-$

碳酸钙的溶解:$CaCO_3 \rightleftharpoons Ca^{2+} + CO_3^{2-}$

碳酸离解的 H^+ 与碳酸钙溶解的 CO_3^{2-} 化合:$H^+ + CO_3^{2-} \rightleftharpoons HCO_3^-$

因此,含碳酸的水溶蚀碳酸钙的化学反应式为:

$$CaCO_3 + CO_2 + H_2O \rightleftharpoons Ca^{2+} + CO_3^{2-} + H^+ + HCO_3^-$$

$$Ca^{2+} + H^+ + HCO_3^- \rightleftharpoons Ca^{2+} + 2HCO_3^-$$

南斯拉夫学者 Bogli(1960)把灰岩溶蚀过程分为 4 个化学阶段,他称之为 4 个"化学相"。

第一阶段,碳酸钙溶于水生成 Ca^{2+} 及 CO_3^{2-},但水中所含碳酸还没有参与其作用。Ca^{2+} 及 CO_3^{2-} 的浓度应遵循下列关系:

$$K = c(Ca^{2+}) \cdot c(CO_3^{2-}) \tag{3-2}$$

式中,K 为平衡常数,即浓度积。

在平衡时,$1m^3$ 水在 8.7℃ 时可溶解灰岩 10mg,16℃ 时可溶解 13.1mg,25℃ 时可溶解 14.3mg。

第二阶段,原溶解于水中的 CO_2 的反应。水中所含的 CO_2 可分为物理态与化学态两种,即物理溶解及与水化合成碳酸的化学溶解。当温度为 4℃ 时,水中所含的 CO_2 只有 0.7% 与水化合,其余 99.3% 均为物理溶解状态。所谓侵蚀性 CO_2,即指化学态的 CO_2,因为物理溶解的 CO_2 与灰岩是不能直接起作用的。灰岩的化学反应只有与碳酸电离后的 H^+ 起作用才能完成:

$$H_2O + CO_2 \rightleftharpoons H_2CO_3 \rightleftharpoons H^+ + HCO_3^-$$

碳酸电离后的 H^+ 又能与第一阶段产生的 CO_3^{2-} 化合成为重碳酸根:

$$H^+ + CO_3^{2-} \rightleftharpoons HCO_3^-$$

即 $H_2O + CO_2$

$\downarrow$

$$H_2CO_3 + CaCO_3 \rightleftharpoons Ca^{2+} + 2HCO_3^-$$

由于第一阶段产生的 CO_3^{2-} 与第二阶段产生的 H^+ 化合,故平衡被破坏,必须从灰岩中取得新的 CO_3^{2-} 补充,才能恢复平衡。这样,就引起灰岩新的溶解。

第三阶段,水中所含的物理态和化学态的 CO_2 也有一个平衡关系,由于第二阶段的作用,其平衡被破坏。水中物理溶解的 CO_2 的一部分就转入化学态,与水化合,成为新的碳酸。这样就构成一个链反应,使灰岩不断溶解。

第四阶段,由于水中 CO_2 含量和外界 CO_2 含量也有一个平衡关系,水中 CO_2 含量减少,平衡受到破坏,必须吸收外界 CO_2,使水中 CO_2 含量重新达到新的平衡,这样又构成了一个链反应,使灰岩能持续溶解。

由上述 4 个阶段来看,灰岩的溶解过程受一系列化学平衡的限制。因灰岩必须在含有 CO_2 的水中才能发生化学反应,故在灰岩整个溶蚀过程中,第四阶段最为重要。灰岩的持续溶解,决定于扩散进入水中 CO_2 的速率,一般扩散速率是很慢的,水中 CO_2 含量要恢复平衡,至少需 24h 或更长时间。但若温度升高,扩散加速,水中 CO_2 含量可在较短时间内恢复平衡。所以,热带灰岩的溶蚀速率显然较温带和寒带快。含 CO_2 的水与灰岩间的化学反应速率也随温度的升高而提高。

第二节 混合溶蚀作用

一、不同饱和溶液的混合溶蚀作用

两种或两种以上已失去溶蚀能力的不同饱和水溶液在碳酸盐岩内某一点相遇,并发生混合作用,混合后的溶液由原先的饱和状态变成不饱和状态,从而产生新的溶蚀作用,持续溶解碳酸盐类岩石,称为溶液混合溶蚀作用。实验证明,两种不同的已平衡(即饱和)的水 W_1 和 W_2 加以混合,则它们的混合作用是沿一条曲线进行的(图 3-4)。在 17℃ 时,W_1 含 73.9mg/L 的 $CaCO_3$ 和 1.2mg/L 的平衡 CO_2,W_2 中含 272.7mg/L 的 $CaCO_3$ 和 47.0mg/L 的平衡 CO_2,两种水以 1:1 混合时,则 1L 水中可以获得 173.7mg/L 的 $CaCO_3$ 及 24.1mg/L 的 CO_2,但是 173.7mg/L $CaCO_3$ 据计算及图 3-5 可求得,只需 9.9mg/L 的平衡 CO_2,相应的余下 $14.2 \times (24.1-9.9)$mg/L 的 CO_2 为游离状态。其中一部分可以继续溶解 $CaCO_3$,称侵蚀 CO_2,也称补充溶蚀;另一部分起平衡作用。

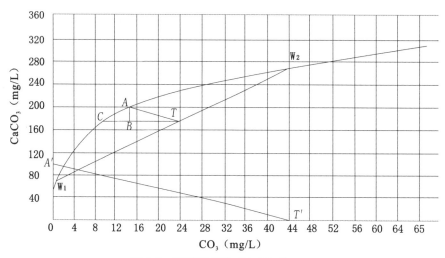

图 3-4　溶蚀强度图(据任美锷等,1983)

混合溶蚀作用也可以用简单的图解法求得补充溶解 $CaCO_3$ 的含量。如图 3-5 所示,W_1 与 W_2 以 1:1 混合,其混合比通过等分点 T 得出。通过该点的水平线与平衡饱和曲线相交于 C 点,由 C 点作垂线可得 $CaCO_3$ 的含量和平衡 CO_2 的数值。T 点、C 点间的距离即为因混合作用后成为游离 CO_2 的量。由化学方程可知,溶解 100mg $CaCO_3$ 需消耗 44mg CO_2,可作出 $CaCO_3$ 与 CO_2 化合的比例线 $TA//T'A'$,由 A 作 $AB \perp TC$。得出 TB 与 AB 两段线,它们的比

值也就相当于 CO_2 与 $CaCO_3$ 化合的比值。因此，线段 TC 被分成两部分：BC 部分用于平衡 CO_2，BT 部分用于补充溶解 $CaCO_3$，B 即对应 14.2mg/L CO_2。线段 BT 的 CO_2 量应等于溶解 $CaCO_3$ 数量所需要的 CO_2 的量（线段 AB）。从图中求得 AB 之间 $CaCO_3$ 相当于 22mg/L，与计算值（21.6mg/L）近似，所以线段 AB 为补充的 $CaCO_3$ 溶解量（即混合溶蚀 $CaCO_3$ 的量）。

补充溶蚀 $CaCO_3$ 的量在不同情况下是不等的，大致是两种水混合时，各自饱和水含 $CaCO_3$ 的量悬殊，而以 1:1 混合时，共补充溶解 $CaCO_3$ 的量就大，反之则小。

二、冷水和热水的溶蚀混合作用

饱和度相同的冷水和热水相混合，可产生新的侵蚀性 CO_2，继续加强溶蚀作用。当热水的温度降低，溶解相同 $CaCO_3$ 所需的 CO_2 量可以减少，就有相应的 CO_2 变成游离的 CO_2，其中一部分成为侵蚀性 CO_2，从而具有产生补充溶解 $CaCO_3$ 的能力。而且高温热水（深部强还原条件下，缺少 CO_2）压力越大、温度越高，溶蚀作用越强。由实验得出的温度降低（$T_2 \sim T_1$）时，补充溶解 $CaCO_3$ 的量如表 3-11 所示。

表 3-11　温度降低（$T_2 \sim T_1$）时补充溶解 $CaCO_3$ 的量（据任美锷等，1983）

$CaCO_3$ (mg/L)	不同温度下冷却时补充溶解 $CaCO_3$ 的量（mg）						
	6→0℃	10→6℃	15→10℃	20→15℃	24→20℃	24→15℃	15→6℃
120	1.0	0.9	1.2	1.5	1.4	2.8	2.1
160	2.3	1.9	2.7	3.2	3.0	6.3	6.4
200	4.2	3.5	5.0	5.9	5.5	11.4	8.5
240	6.9	5.7	8.1	9.6	8.8	19.2	12.8
280	10.3	8.5	12.0	14.3	12.9	27.1	20.7

实际观察证明，在一般情况下，冷热水混合溶蚀主要表现在充气带内，该带内温度日相差较大，季节性变化也大。若外界温度低于碳酸盐类岩体内的地下水温度，在地面以下 10～25m 深处就不再发生冷热水冷却溶蚀作用。

在温泉地区，从地下深处上升的饱和地下水，因温度降低产生大量游离的 CO_2，其中一部分 CO_2 产生补充溶蚀作用。由表 3-12 可知，温泉上升过程温度不断降低，则溶蚀作用不断加强；温泉的温度愈高，补充溶解 $CaCO_3$ 的量也愈大。

表 3-12　热水冷却时补充溶解 $CaCO_3$ 的量（据任美锷等，1983）

$CaCO_3$ (mg/L)	不同温度冷却时补充溶解 $CaCO_3$ 的量（mg）			
	30→20℃	40→20℃	50→20℃	50→15℃
120	1.60	4.04	7.49	8.71
160	3.36	9.17	16.91	19.65
200	7.35	17.78	32.32	37.05
240	11.40	27.90	53.20	61.80
280	17.60	44.50	82.10	95.50

在一定的地质条件下,渗入充气带的渗流水在潜水面处冷却,可促进潜水面的洞穴发育。如果有两种浓度相同、温度不等的水加以混合,也可形成热混合溶蚀。例如,有一股水 W_1 饱和时,温度为9℃,$CaCO_3$ 含量为508.7mg/L时,结合的 CO_2 含量为223.9mg/L,补偿的 CO_2 含量为220.2mg/L。若这时 W_1 的温度升高到15℃,补偿的 CO_2 含量就可以增加263.1mg/L。若另外有一股水 W_2,饱和时所含 $CaCO_3$ 含量为151.7mg/L,结合的 CO_2 含量为66.5mg/L。这两股水以1:1混合,那么温度则为(15℃+9℃)÷2=12℃,$CaCO_3$ 含量为(151.7mg/L+508.7mg/L)÷2=330.2mg/L,补偿的 CO_2 含量也为(5.86mg/L+263.1mg/L)÷2=133.9mg/L。饱和状态的330.2mg/L $CaCO_3$ 混合水中,其结合的 CO_2 含量为14.52mg/L,补充的 CO_2 含量在12℃时为65.6mg/L。那么133.9mg/L-65.6mg/L=68.3mg/L 的 CO_2 就从混合作用中析出,并成了游离的 CO_2,其中一部分成为侵蚀性的 CO_2 而不断地溶蚀灰岩。

三、与卤水的混合溶蚀作用

通过大量的实例证明,岩溶地区的水在缓慢运动过程中,如果加入一定量的NaCl,那么 $CaCO_3$ 会大量溶解,从而使岩溶现象特别发育。但NaCl对于岩溶发育的影响程度,过去一直研究不多。

灰岩的溶蚀过程存在一系列彼此联系的化学反应,当溶液中存在另一种不带共性离子的盐类时,其溶解度较之在纯水中的溶解度有所增加,即灰岩在纯水中的溶解度是很低的(约15mg/L);当存在产生 HCO_3^- 的盐类时,由于生成更容易溶解的碳酸氢钙,其溶解度随着 HCO_3^- 浓度的增加而显著增加;而岩溶水中加入NaCl或NaCl的溶液时,对于灰岩的溶蚀作用应分情况讨论。当加入NaCl时,$CaCO_3$ 的溶解应有所增长,但增长量可以忽略不计。根据实验数据,$CaCO_3$ 的增长量为溶液中 $Ca(HCO_3)_2$ 的1/100~1/10,真正有效的是 $Ca(HCO_3)_2$ 溶解度的增长。当溶液中加入NaCl或NaCl的溶液时,$Ca(HCO_3)_2$ 的溶解量的增加是变化不定的,取决于两个因素:第一,CO_2 含量,CO_2 含量增加则 $Ca(HCO_3)_2$ 的溶解量增加,有时岩溶水中含有较多的化合状态的 CO_2 时,$Ca(HCO_3)_2$ 的溶解量会达到1g/L或更高,这样的溶解度是相当大的;第二,溶液本身的稀释程度,较低浓度的水溶液中 $Ca(HCO_3)_2$ 的溶解度要大,反之则小。溶液中有共性离子时,则溶解度降低,如溶液中有共性离子和 $CaCO_3$ 两种盐类存在时,$Ca(HCO_3)_2$ 的溶解度下降,但其下降值不大,可以不予考虑。

上述混合溶液中 $Ca(HCO_3)_2$ 的溶解度取决于水中已溶 CO_2 的含量,作出有关溶解度增长量的曲线,并且对获得的理论曲线进行试验检查,得到该曲线对含有低浓度 $Ca(HCO_3)_2$ 的饱和溶液是完全适合的。在浓度低于300mg/L 的 $Ca(HCO_3)_2$ 饱和溶液内,加入浓度为1%的NaCl溶液时,所引起的溶解度的增长量超过15‰。

第三节 机械侵蚀作用

以往人们重视可溶性岩石的化学溶蚀作用,近些年来,机械侵蚀作用也引起了人们的重视。大量的资料显示,机械侵蚀作用可分为溶脱作用、溶塌作用和冲蚀作用。

一、溶脱作用

溶蚀作用形成孔洞,主要是由于微观作用下晶状结构受水的冲蚀,以及宏观作用下由崩塌作用形成的岩块受到的冲蚀和侵蚀。物理侵蚀和崩塌作用共同造成了溶洞等的扩大。

戎昆方和黄蔚国(1989)提出了"溶脱作用"这一新概念。溶脱作用是指在岩溶化进程中,具溶蚀性的水沿岩石内原生孔(缝)隙进行渗透溶蚀,当被溶蚀的原生孔(缝)隙扩展到一定程度时,使被溶蚀附近晶(颗)粒脱落的一种作用。水的流动是加速溶脱作用进程的动力。

溶脱作用不同于岩溶化进程中水的机械侵蚀作用和崩塌作用。水的机械侵蚀作用是水对整块岩石的冲刷、掏蚀作用。崩塌作用则是水在对岩石进行冲刷、掏蚀过程中,岩体局部产生"临空"面,在上部岩石重力作用下,产生的一种崩落、垮塌作用。这两种作用的水的作用对象都是整块岩石。而溶脱作用的水的作用对象是岩石内部的、某些特定结构形成的原生孔(缝)隙。所以溶脱作用的发生是具有选择性的。

如果就溶脱作用定义中"沿岩石内原生孔(缝)隙进行渗透溶蚀"这一内容来看,所有的碳酸盐岩在自然界中都可以进行溶脱作用。这在自然界也是确实存在的,从碳酸盐岩中发生着或多或少、或大或小的岩溶现象可以证明。

理论上讲,溶脱作用在碳酸盐岩中应该都能大量、广泛的进行。然而通过对野外岩溶现象及溶蚀样块在反射光下的观察,岩石中不同的结构类型,其溶脱后产生的溶脱空间大小差异很大。根据不同结构类型,可将它们分为有利于溶脱作用发生的类型和不利于溶脱作用发生的类型。

1. 有利于溶脱作用发生的类型

岩溶强烈发育的岩石中所具有的结构、构造特征有利于溶脱作用发生。溶蚀作用理论认为,由于方解石较白云石的溶蚀度高,所以灰岩较白云岩更易溶蚀。但溶脱作用理论认为,由于白云岩中孔(缝)隙率较灰岩中的孔(缝)隙率高,所以白云岩较灰岩更易于溶脱。野外观察结果证实似乎溶脱作用理论的观点更贴近客观事实。用溶脱作用来解释野外钙质砂岩中洞穴的形成机理,或许较溶蚀作用更易于让人接受,也更符合客观事实。因为溶脱作用首先使具溶蚀性的水对钙质砂岩的钙质胶结物进行溶蚀,当达到一定程度后引起石英碎屑颗粒的脱落,形成溶脱空间,而不需要将石英碎屑这种难溶性矿物进行全面溶蚀。

自然界中白云岩的抗风化能力比灰岩的弱,这是因为白云岩的孔隙率比灰岩大。在灰岩白云石化过程中,出现的大量白云石菱形晶、马鞍形晶,增加了岩石中平直的晶间缝,成为具显孔(缝)隙的岩石。这些显孔(缝)隙为具溶蚀性的水提供了大量通畅的渗透、运移通道,使岩石更易发生溶脱作用。

有利于溶脱作用发生的因素大体可归纳为:①针对具有鲕粒或生物碎屑的颗粒,溶脱可以是以整颗颗粒的形式进行;②当颗粒或脉石内部具粒状结构时易产生脱落;③岩石中方解石晶粒粒级达到细晶时,这些方解石晶粒亦易引起溶脱;④岩石中所含杂质(如氧化铁、泥质等)的集合体颗粒易引起集合体的整体脱落。碳酸盐岩中杂质的脱落现象,对于佐证溶脱作用现象的存在,具有重要的意义。

2. 不利于溶脱作用发生的类型

岩溶相对欠发育的岩石中所具有的结构、构造特征则不利于溶脱作用发生。不利于溶脱作用发生的岩石主要是具隐孔（缝）隙的岩石。对晶粒而言，是那些粒径小于 0.05mm 粉晶粒级以下的晶粒；对颗粒而言，是那些颗粒内部由粒径小于 0.05mm 物质组成的颗粒。它们的共同特点是颗粒过于细小，晶（颗）粒间形成的孔（缝）隙紧密且弯曲，不利于具溶蚀性的水渗漏与流通。就颗粒内部而言，主要是具玻纤结构、片状结构、微粒或隐粒结构的颗粒；就胶结物或填充物而言，是小于粉晶粒级的方解石。组成这些结构的方解石晶粒过于细小，结构十分致密，不利于水的渗透及运移，阻碍了溶脱作用的发生与发展。

综上所述，有利于溶脱作用发生的因素，无论颗粒内部的结构还是胶结物的结构，都是具有细晶粒级的方解石晶粒；而不利于溶脱作用的因素，都是具粉晶粒级及其以下的方解石晶粒。究其原因，细晶粒级方解石晶粒间形成的晶间缝隙相对较为平直、宽大，有利于水的运移与渗透，从而容易引起溶脱作用的发生与发展；而粉晶及其以下粒级的方解石晶粒，由于晶粒细小，形成的晶间缝隙窄而弯曲，不利于水的渗漏与运移，阻碍了溶脱作用的发生与发展。

二、溶塌作用

岩溶区的崩塌作用可发生在地表和地下，而且与溶蚀作用有关，因为溶蚀首先为崩塌创造了空间条件，由溶蚀而诱发的崩塌，可称为岩溶崩塌作用（简称溶塌作用）。溶塌作用主要类型有错落、陷落和气爆。

（1）错落。错落多发生在地表的岩坡上，在岩坡下方因溶蚀所成的洞穴、溶隙等纵横展布，使上方岩体失去支撑力，在重力作用下岩块沿近似垂直的破裂面整体下落位移。

（2）陷落。陷落主要发生在地下溶洞内，即洞顶和两壁。溶洞为崩塌提供了广阔的空间，洞顶岩石因地下水强烈溶蚀而遭到严重分割与破裂，固结力减弱，特别是当地下水位急剧升降而引起水动力突变时，更加速了岩石的陷落。当洞顶陷落后洞与地面相通而成为"天窗"时，称为塌顶。

（3）气爆。气爆是一种特殊而少见的崩塌现象，多发生在地下洞顶岩层之上有土层覆盖的地方。如果洞顶埋深浅，密封性好且不漏气，遇到地下水强烈活动，即水位下降后又急剧上升时，洞内受压缩的强大的空气压力就会将洞顶爆破。

三、冲蚀作用

水在可溶岩表面流动时，如果流速大，特别是夹带着砂砾等固体物质与可溶岩表面摩擦时，就会发生冲击和磨蚀，统称为冲蚀作用。岩溶区的冲蚀作用特点：①有溶蚀作用的参与，特别是在水面附近和当水层变薄、流速较低时较为显著；②冲蚀作用不仅发生在地表，还发生在地下，在垂直性落水洞洞壁及洞底、地下河的陡坎下方尤其明显。这种发生在地下的冲蚀作用又可称为岩溶地下冲蚀作用。显然，地下冲蚀作用发生较晚，是在裂隙扩大之后，流速增加及紊流产生时才出现。

第四章　岩溶地貌

岩溶地貌又称喀斯特地貌，是可溶性岩石在水动力作用下，经溶蚀、侵蚀及崩塌所发育的一种特殊地貌。可溶性岩石包括灰岩、白云岩、石膏和岩盐等。可溶性岩石和流水作用是岩溶地貌形成和发展的基础，地质构造、气候条件和植被生长情况等因素也都影响着岩溶地貌的发育。

我国是世界上岩溶发育最好的国家之一，碳酸盐岩出露面积达 125 万 km^2，约占全国陆地总面积的 13%，尤其以我国南方地区最为典型。我国南方岩溶地区面积占全国岩溶地区面积的 55%，主要分布在以贵州高原为中心的贵州、云南、重庆、广西、湖南、湖北等地。由于特殊的地质与气候环境，在我国南方发育了典型的热带—亚热带剑状岩溶、锥状岩溶、塔状岩溶和峡谷岩溶。岩溶地貌可分为地表岩溶地貌和地下岩溶地貌。地表岩溶包括溶沟、石芽、漏斗、峰丛、峰林、溶蚀洼地、岩溶盆地等；地下岩溶则包括溶洞、地下河及洞穴堆积物。

岩溶地貌孕育了优美的自然风光与文化遗产，已成为典型的旅游资源之一。如世界自然遗产中的九寨沟、桂林、荔波，云南石林世界地质公园和广西香桥、凤山岩溶国家地质公园，以及众多的旅游洞穴。

第一节　岩溶个体地貌形态

岩溶地貌形态可分为岩溶个体地貌形态和岩溶组合地貌形态。岩溶个体地貌形态又分为地表岩溶形态和地下岩溶形态两种：地表岩溶形态是呈现在岩溶化地块表面上的形态，地下岩溶形态则是产生在岩溶地块内部的形态。实际上地表岩溶形态和地下岩溶形态是相互依存、密切关联的。常见岩溶地貌形态见图 4-1。

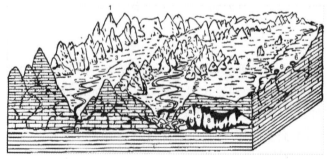

1.峰林；2.溶蚀洼地；3.岩溶盆地；4.岩溶平原；5.孤峰；6.漏斗；
7.岩溶塌陷；8.溶洞；9.地下河；a.石钟乳；b.石笋；c.石柱

图 4-1　常见岩溶地貌形态示意图

第四章 岩溶地貌

一、地表岩溶形态

1. 溶沟与石芽

溶沟与石芽是可溶岩表面沟槽状溶蚀部分和沟间突起部分(图版 1)。溶沟深度不大,一般发育数米不等,深度由数厘米至数米。石芽也是可溶岩受到侵蚀、溶蚀后的产物,其大小不等,高度一般由数厘米至数米,形体高大而密集的石芽又称为石林(图版 2)。云南路南石林最为典型,高可达 35m,分布面积达 35km²。

2. 峰丛、峰林和孤峰

峰丛、峰林和孤峰都是岩溶地区的主要正地形。峰丛、峰林是灰岩经长期大气降水的强烈溶蚀而成的山峰集合体。

峰林在广义上包括峰林、峰丛两类。在高温潮湿的气候条件下,碳酸盐岩被强烈溶蚀,石峰突起,并伴有地下排水系统,组成广义的峰林地形。狭义的峰林在国外称圆锥状岩溶和塔状岩溶,是峰丛进一步溶蚀向深处发展,受到强烈侵蚀作用,基座被切开后所形成。相对高差为 100～200m,坡度陡,一般均在 45°以上。峰林类型通常分为塔状峰林、锥状峰林和单斜山峰林,是热带和亚热带地区典型的地貌形态。我国广西桂林和贵州安顺一带最为典型。

峰丛是顶部为尖锐的或圆锥状的山峰,基部相连成簇状,是一种连座的岩溶山峰。多分布于碳酸盐岩山区的中部,周围多为溶蚀洼地或岩溶盆地。在广西西部、西北部及云南和贵州均发育有不同程度的峰丛(图版 3)。

孤峰是峰林进一步发展,呈分散的孤立山峰,常分布在岩溶平原或岩溶盆地中,相对高度从数十米到百余米不等,一般低于峰林,是在地壳相对长期稳定的条件下岩溶山峰发育后期的产物(图版 4)。

在岩溶山区,峰丛通常位于山地的中部,峰林位于山地或盆地的边缘,而孤峰则分散在岩溶盆地底部或岩溶平原上。有一种观点认为,峰林、峰丛、孤峰分别对应于岩溶演化从幼年期→青年期→老年期的地貌循环阶段,演化关系为岩溶高原→峰丛→峰林→孤峰(图 4-2)。

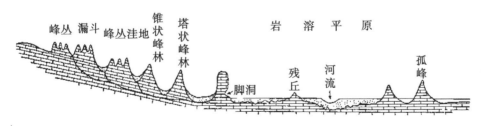

图 4-2 峰丛向孤峰过渡示意图

3. 漏斗

漏斗又称斗淋、灰岩坑、溶斗、盆坑、盘坑等,形状多为漏斗状或碟状,直径一般在几米至几十米之间,深度为数米至十余米,底部常有溶蚀残余物堆积,并伴有垂直裂隙和落水洞与地下通道相通,起消水作用(图版5)。漏斗是地表水沿节理裂隙不断溶蚀,并伴有塌陷、沉陷、渗透及溶滤作用发育而成。根据地貌成因,漏斗可分为塌陷漏斗、溶蚀漏斗、渗透漏斗、潜蚀漏斗、溶解-雪蚀漏斗。

4. 溶蚀洼地

溶蚀洼地(又称岩溶洼地)是岩溶作用的产物,是四周被低山、丘陵和峰林环抱,规模较大的封闭洼地,直径可达数十米至数百米,深度一般在数米至数十米之间。平面形状有圆形、椭圆形、长条形,垂直形状有筒形、碟形、漏斗形等。溶蚀洼地形状与漏斗相似,不易于严格划分,但两者在形态上各有不同。一般来说,漏斗多为不规则的圆形,面积较小;溶蚀洼地则面积较大,底部较为平坦,有岩石、黏土层等覆盖,可种植农作物。溶蚀洼地常由单个漏斗扩大而成,而相邻的洼地又可进一步扩展后连通,成为合成洼地。溶蚀洼地常发育在背斜、向斜轴部或其他构造带上,沿构造带上常呈串珠状发育。溶蚀洼地在云南、贵州和广西等地分布较多。

5. 落水洞

落水洞多分布在坡地两侧、岩溶沟谷底部、溶蚀洼地底部,是流水沿裂隙进行溶蚀和机械侵蚀的产物。由于地下通道的不断扩大,顶板发生崩塌,也可形成落水洞。落水洞是地表水流入地下河的主要通道,其断面较小,形状不定,深度可达100m以上,宽度则较小,很少超过10m。我国各地也称落水洞为无底洞、消水洞、消洞等。而在地壳上升和河流下切的影响下,落水洞进一步向下延伸发育,形成深度数十米至数百米的竖井,俗称"天坑",多分布在河谷的谷坡地带。

6. 岩溶盆地

岩溶盆地又称"坡立谷",土名"坝""坝子",是大型的岩溶洼地。宽从数百米到数千米,长可达数十千米,规模大小不一,形态变化较大。盆地四周多被中低山环抱,底部开阔而平坦,且覆盖着松散堆积层,有地表河流或地下暗河流过,并伴有漏斗、竖井、落水洞等发育。

岩溶盆地的边缘或底部常出露各种形式的岩溶泉,地表水及周围的泉水均由落水洞或地下暗河排泄。雨季,地表水及泉水流量较大,落水洞或暗河排泄不及时,落水洞被堵塞,则形成暂时性积水或形成季节性岩溶湖泊。

岩溶盆地的分布和形状常与地质条件有关,多分布于地壳相对稳定地区,多沿构造线发育。在可溶岩与非可溶岩接触面上发育的岩溶盆地多呈长条形,两侧不对称,在可溶岩的一侧为平原,非可溶岩一侧为缓坡;沿断裂带发育的岩溶盆地也多为长条形,宽度较窄,谷地平坦,其大小取决于断裂带的规模;在向斜轴部和背斜轴部发育的岩溶盆地常为椭圆形。云南砚山、罗平,贵州安顺、水城均为典型的岩溶盆地(图版6)。

7. 干谷

干谷是岩溶地区干涸或间歇性有水的河谷。由于地壳上升或气候变化,侵蚀基准面下降,原来由地下水补给的河流失去了水源,同时地表水又经落水洞或漏斗转入地下,从而使河谷变成了干谷。当地表河被地下河袭夺时,也可在地表形成干谷。干谷谷底平坦,分布有漏斗、落水洞,常覆盖有松散堆积物。

8. 盲谷

在岩溶地区,当地表河流遇落水洞或溶洞,使地表水转入地下形成伏流,原有河谷被截断,河谷前方为岩壁,当这种河谷变为干谷时即为盲谷。

二、地下岩溶形态

1. 溶洞

溶洞是地下水沿着可溶岩层的层面、断层或节理裂隙面进行溶蚀和侵蚀而成的地下管道。在溶洞形成初期,地下水沿着可溶岩较小的裂隙和孔道流动时,水流速度缓慢,岩溶作用以溶蚀作用为主。随着裂隙和孔道的不断扩大,水流作用加强,除了继续进行溶蚀外,还产生机械侵蚀作用,使地下孔道迅速扩大成彼此孤立的管道和洞穴。地下水不断集中,岩溶作用也不断进行,孤立的溶蚀地貌形态相互沟通或合并,形成一个具有统一地下水面的溶洞系统。位于地下水面附近的洞穴往往形成水平溶洞,在邻近河谷处有出口。当地壳上升,河流下切,地下水位将随河流下切而降低,洞穴转变为干溶洞(图版7)。

溶洞一般有两种类型:一种是水平型溶洞,它的发育大多与当地侵蚀基面相适应,主要发育于饱水带中,位于地下水面附近;另一种是垂直型溶洞,它是沿着陡倾的灰岩或垂直裂隙发育的溶洞,常见于包气带和深饱水带内。

2. 地下河

地下河是指地面以下的河流,在岩溶地区常发育于地下水附近,是近于分为水平的洞穴系统,常年有水向邻近的地表排泄。地表河流入地下后,又从地下流出地表,在地下隐伏的一段河流则称为伏流。它常形成于地壳上升、河流下切、河床纵向坡降较大的地方,在深切峡谷两岸及深切河谷的上源部分伏流经常发生。规模大的伏流多见于贵州高原的南部。暗河是由地下水汇集而成的地下河流,具有一定范围的地下汇水流域。

3. 暗湖

暗湖即地下湖。在岩溶岩体内,由于岩体作用形成的具有较大空间并能积聚地下水的湖泊称为暗湖。它往往和暗河相连通,或在暗河的基底上局部扩大而成,起着储存和调节地下水的作用。

4. 洞穴堆积物

溶洞及其他岩溶裂隙与管道内常堆积有各种不同成因的堆积物,包括化学堆积物、机械堆积物和生物堆积物等,这些堆积物是一种成因与类型极其复杂的混合体,统称为洞穴堆积物。常见的洞穴堆积物有石钟乳(图版8、图版9)、石笋(图版10、图版11)、石柱(图版12、图版13)、石幔等。

第二节　岩溶组合地貌形态

各种岩溶个体在发育过程中有成因联系和空间联系,特别是地表岩溶与地下岩溶的密切联系,导致在各个不同发育阶段形成具一定代表性的岩溶组合地貌。其形态组合可分为地表岩溶组合形态、地表地下岩溶组合形态、岩溶与非岩溶组合形态。

一、地表岩溶组合形态

1. 峰丛-洼地

该组合形态是由多个山峰形成具有共同基座的峰丛与洼地的组合形态,其间为岩溶洼地或漏斗。主要分布在广西西北和云贵高原边缘的斜坡地带,还有红水河、南盘江、北盘江及其一级支流两侧。海拔1000m左右,峰丛相对高度达600m。峰丛-洼地以贵州罗甸、兴义等地的为典型,当地称其为麻窝地或以麻窝作为地名。由于其间的岩溶洼地深陷,呈圆筒状,因此在广西则被称为"弄"或"峒",广西全域共有"弄"4万个以上(图版14)。

2. 峰林-洼地

该组合形态是峰林和其间的洼地组成的组合形态。洼地包括封闭型圆洼地、合成洼地及岩溶盆地。峰林-洼地主要分布在广西盆地四周,广东及云贵高原也有分布。

3. 溶丘-洼地

该组合形态是岩溶丘陵和岩溶洼地及干谷组成的组合形态。丘陵被岩溶洼地及干谷分割,沟谷及洼地的底部一般较为平坦,发育漏斗与落水洞,并大部分被松散堆积物覆盖。这种组合形态常分布在河间地段与分水岭地带,如长江三峡与清江的分水岭地带,以及川东、湘西、鄂西高原与黔北高原等地,是亚热带地区岩溶地貌的特征。

4. 峰林-谷地

该组合形态是峰林和谷地的组合形态,中间分布有漏斗和落水洞,并伴有季节性或常年性水流,以黔南的峰林-谷地为典型(图版15)。

5. 峰林-平原

该组合形态是峰林与平原相间出现的地貌组合形态。峰林石山内多溶洞,高处多为旱洞,山脚常发育"脚洞","脚洞"洞底略低于周围地面,洞内发育地下河或湖,以广西桂林、柳州一带的峰林-平原为典型。

6. 垄岗-槽谷

该组合形态是在地质构造作用下,碳酸盐岩地层及后期的岩溶作用受紧密褶皱的影响形成的山中有槽的岩溶组合形态,是亚热带岩溶在特定的构造条件下发育的亚型,如川东的北东-南西走向的平行岭谷区,在槽状谷地两侧为岩溶化的垄岗。

二、地表地下岩溶组合形态

在地表岩溶形态和地下岩溶形态发育过程中,地表水与地下水有着密切的水动力联系,其岩溶过程同时进行,地貌形态同步发育,相互促进,形成了地表地下岩溶组合形态。如岩溶泉,虽表现为地表岩溶现象,其实是地下径流发展的结果。又如地表的岩溶塌陷,则是地下溶洞发育的结果。同时,若地表有串珠状漏斗或洼地分布,则地下可能就有地下河道。

1. 溶洞-地下廊道

地下廊道即为洞穴中近于水平且窄长的地下通道,往往与溶洞相连通,组成复杂的洞穴系统,因此可以说溶洞是地下廊道在地表的表现,是地下通道的出口。如桂林七星岩为地下廊道式复杂的洞穴系统,有由廊道连通的 6 个宽敞大厅,4 个洞口。

2. 落水洞-竖井-地下通道

落水洞往往出现在溶蚀洼地底部,并且常和盲谷相沟通,在盲谷的末端可见到成群的落水洞。而竖井则是将落水洞与地表岩溶和发育在深处的地下岩溶相联结的通道。

3. 岩溶干谷-暗河组合

因为地壳上升或气候变化,侵蚀基准面下降,发育了更深的地下排水系统,原地表河道变成了干谷,即原来流动的水在地下发育成暗河。所以在干谷出现的地方,常预示有暗河存在。

三、岩溶与非岩溶组合形态

岩溶地貌的发育与区域地貌发育密切相关,可将岩溶地貌与该区的非岩溶地貌进行对比,并形成岩溶与非岩溶组合形态。

1. 溶洞-阶地

由地下河发育而形成的具有岩溶廊道的溶洞,在较稳定的地块中呈成层分布,即使在由倾斜以至垂直的岩层组成的岩溶区,这种规律也十分明显。而这种溶洞层可与邻近相同高度的河流阶地进行对比。在当地的侵蚀基面相对稳定的时候,在岩溶区发育了与地面河床相适应的地下河及地下通道。随着地壳上升,河流下切,岩溶地块中的地下河通道则上升成为溶洞,而在非岩溶区相应地发育了阶地。若地壳间歇性地上升和下切,则可发育多层溶洞和与它相当的多级阶地。

2. 分水岭地带的风口-溶洞

分水岭地带的风口具有与溶洞同一高程的规律,这说明当时地面的剥蚀作用和岩溶作用都是在同一个稳定时期发育的。

第三节 岩溶地貌发育过程及地域分异特征

一、岩溶地貌发育过程

岩溶地貌也和其他成因的地貌一样,有其发生、发展和消亡的过程。假设有一个上升的灰岩高地,地壳上升以后,长期稳定,且由产状平缓、岩性致密和厚层的灰岩所构成,由上升的灰岩高地开始,岩溶地貌发育可按幼年期、青年期、中年期和老年期顺序发展(图 4-3)。

幼年期:非可溶岩被剥蚀后,可溶岩裸露,地表流水开始对可溶岩进行溶蚀,地面常发育石芽和溶沟,以及少数漏斗和落水洞(图 4-3a)。

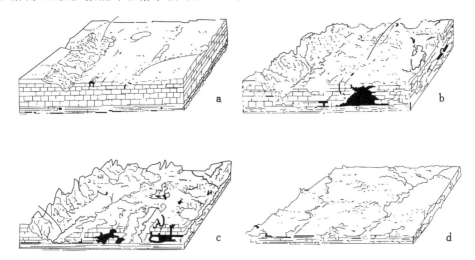

a.幼年期;b.青年期;c.中年期;d.老年期
图 4-3 岩溶发育阶段示意图

青年期:河流进一步下切,河流纵剖面逐渐趋于均衡剖面,地表水绝大部分转为地下水。该时期,漏斗、落水洞、干谷、盲谷、溶蚀洼地广泛发育,地下溶洞也很发育,有很多地下河(图 4-3b)。

中年期:地表河流受下部不透水岩层的阻挡,或者地表河下切侵蚀停止,溶洞进一步扩大,洞顶发生坍陷,许多地下河又转为地表河,同时发育许多溶蚀洼地、溶蚀盆地和峰林(图 4-3c)。

老年期:当不透水岩层广泛出露地面时,地表水重新出露,形成宽广的冲积平原,平面上残留着一些孤峰和残丘(图 4-3d)。

上述岩溶地貌发育只是一种理想过程,仅见于广西黎塘镇、贵港一带。实际上,岩溶发育受岩性条件、构造条件和气候条件的影响并不都按上述模式进行。如中纬度地区大量保留多种气候条件下形成的岩溶地貌形态,云贵高原古近纪、新近纪热带峰林在高原上升后成为一种遗迹,而现代岩溶地貌已向与其亚热带气候相适应的溶丘发展。再如当岩溶发育到青年期阶段时,地壳开始上升,而下部地层又是透水的,那么地下水将进一步向下渗透,再次重复第二阶段发育,这时地下将会出现多层溶洞。

二、岩溶地貌地域分异特征

1. 热带岩溶

热带地区,气温高,温差小,降水量丰富,降水强度大,水流循环快,植被茂密,生物化学作用活跃,水和土壤中富含 CO_2 与有机酸,地表和地下岩溶作用强烈,岩溶极其发育。地表普遍发育溶蚀洼地、岩溶盆地、峰林等典型岩溶地貌;地下则广泛发育暗河系统、溶洞系统。典型地区如广西桂林阳朔。亚热带气候区,受地带性热量条件和非地带性降水条件的影响,降水量丰富,植被茂密,岩溶作用仍较强烈。典型地区如贵州的中部、南部,以及云南东部。

2. 温带岩溶

温带岩溶又分为两种,即温带季风气候区岩溶和温带干旱区岩溶。

温带季风气候区降雨分配不均匀,雨季降雨集中,降雨历时短,地表径流量较小,水流活动时间短,加上该区气温较低,生物化学活动减弱,地表岩溶作用较弱,地表岩溶地貌不发育,仅以一些小的溶蚀浅沟和干谷为主要特征。但地表水渗入地下滞留时间较长,地下岩溶作用强烈,地下溶洞较发育。典型地区如山东、河北及山西等地。

温带干旱区降水量很少,蒸发大,几乎没有地表径流,地面植被和土壤缺乏,岩溶作用极其微弱,岩溶地貌发育很差。地下水深埋,地下径流微弱。温带干旱区虽然水量不多,但地下水中富含 SO_4^{2-},因而地下水有一定的溶蚀作用,可形成一些小溶洞。典型的岩溶形态如柴达木盆地西北部灰岩中的小溶洞。

3. 寒带和高寒区岩溶

寒带和高寒地区,气温很低,分布有永久冻土和季节冻土,极大地限制了地表水的活动和地下水的补给,岩溶作用极其微弱。但由于岩溶作用时间久,仍有小型溶沟和浅洼地发育,在冻土层下也可形成溶洞。

总的来说,气候因素(特别是降水和温度条件)对岩溶发育有深刻的影响,导致岩溶发育具有一定的地带性。热带岩溶以峰林为主要地貌特征,亚热带岩溶以丘陵洼地为主要特征;温带以发育地下隐伏岩溶为主,干旱区以发育地下岩溶为主;寒带岩溶多发育在冻土层以下。在岩溶发育中,热带和亚热带地表岩溶形态比较突出,其他各带都以发育地下岩溶为主,而地表岩溶作用很微弱,以机械作用为主。

第四节 贵州岩溶地貌特征

贵州岩溶地貌形态复杂多样,正、负地形组合及过渡斜坡地貌组合形态千姿百态.受区域地质构造、地层岩性和岩溶发育特征的控制和影响明显。根据塑造地貌的主导作用因素,岩石建造类型及地貌形态组合特征等,将贵州岩溶地貌划分为 6 个成因类型,21 个形态组合类型(表 4-1)。

表 4-1　贵州岩溶地貌类型划分

成因类型	岩石建造类型	形态组合类型
溶蚀	碳酸盐岩	峰丛-洼地、峰丛-谷地、峰林-洼地、峰林-谷地、溶丘-洼地、溶丘-盆地
溶蚀-侵蚀	碳酸盐岩与碎屑岩互层	峰丛-峡谷、峰丛-沟谷
溶蚀-构造	碳酸盐岩夹碎屑岩	溶蚀构造平台、断陷盆地、垄岗-槽谷
侵蚀-剥蚀	变质岩、火山岩、碎屑岩	脊状山峡谷、圆顶山宽谷、脊状山沟谷、缓丘谷地、缓丘坡地
侵蚀-构造	碎屑岩、碎屑岩夹碳酸盐岩	台状山峡谷、桌状山峡谷、单面山沟谷、断块山沟谷
侵蚀-堆积	黏土、砂砾石	堆积阶地

贵州岩溶地貌主要特征如下。

1. 地貌类型复杂多样、山地遍布全省

贵州岩溶地貌在成因上主要归为两大不同的地貌系列，即以流水作用为主导的侵蚀-剥蚀地貌系列和以岩溶作用为主导的溶蚀地貌系列。地貌形态类型各异、复杂多样，全省不仅有高原、山原和山地，而且有丘陵、盆地（坝子）和河流阶地等不同类型的地貌。

2. 岩溶地貌发育、分布广泛

贵州是我国南方岩溶极为发育的省份，自古近纪至今，岩溶持续发育，在古岩溶的基础上叠加了近现代岩溶，热带环境下形成的地貌受到亚热带环境的改造。因此，贵州广泛分布着不同的岩溶地貌类型和形态组合类型。概括起来，贵州岩溶发育有如下特征。

（1）岩溶地貌类型齐全，个体岩溶形态多样。贵州常见的地表岩溶地貌形态类型有石芽、溶沟、漏斗、落水洞、竖井、洼地、溶盆、槽谷、峰林、峰丛、溶丘、岩溶湖、潭、多潮泉等；地下有溶洞、地下河、伏流及各种钙质沉积形态，如石钟乳、石笋、石柱、石幔等。岩溶个体形态在一定的岩溶地质环境条件下又组合成溶丘-谷地、峰丛-洼地、垄岗-槽谷等多种组合岩溶地貌形态。形态组合随所处区域不同而呈有规律的分布。溶丘-谷地多分布于高原台面上，峰丛-谷地分布于高原斜坡地带，而垄岗-槽谷则主要受地质构造控制分布于黔北地区。

（2）岩溶地貌发育具阶段性、继承性。挽近期以来，贵州地壳长期处于间歇性抬升、侵蚀基准面下降，使岩溶水处于向深部循环的状态中，逐渐向深部的水动力导致了河谷斜坡地带岩溶水垂直循环带不断加厚，从而使斜坡区岩溶地貌表现为深而封闭的洼地、漏斗、落水洞、竖井及岩溶峡谷。在一些较大的洼地中，发育了封闭的圆形洼地，在圆形小洼地中又发育着漏斗、落水洞或竖井与深部地下河相连，从分水岭至河谷基准面往往发育多层水平溶洞及地下河，且垂向上具有一定联系。

（3）岩溶发育受地质构造和岩性组合结构的控制。岩溶地貌与流水侵蚀地貌相间分布，地表河溪径流至岩溶地貌区时多潜入地下形成伏流及地下河。相反，地下河流至侵蚀地貌区受砂、页岩阻隔，又出露地表成为地表河，反映出明显的明、暗交替特征。

3. 地貌分带性明显

贵州高原地貌是由岩溶化高原和峡谷两大系列组合而成的。根据地貌演化及形态特征,从区域分水岭至河流的中、下游,可分为岩溶化高原区、过渡斜坡区和峡谷区3个不同的地貌区段。

高原区:多位于河流的上游分水岭一带。挽近期地壳上升运动,引起的河流下切,侵蚀基准面下降,溯源侵蚀尚未波及这一地区,早期地貌保存较好,地表河流浅切割(坡降2‰左右),地形高差一般在数十米以内。在岩溶区多为岩溶残丘谷地、峰林平原、溶蚀盆地、岩溶湖等地貌景观,如一级高原台面的威宁、水城和苗岭分水岭地带,二级高原台面的遵义、贵阳、安顺、平坝及三级高原台面的铜仁、玉屏、凯里等。

过渡斜坡区:分布于河谷裂点以上至分水岭(高原区)以下的缓倾斜地带。河流溯源侵蚀,河谷裂点向源推移尚未达此区,地表河流仍保持谷宽流缓的基本特点,地貌组合形态为峰丛-洼地、峰林-谷地。在碳酸盐岩大片分布区,发育有复杂的树枝状地下河系,其特征是中、上游交流多,高原区的明流至本区潜入地下成伏流,而后以跌水或瀑布的形式再泄入地表干流,形成明流和暗流交替的地表、地下水系。

峡谷区:主要分布于河流裂点以下地区,地形切割强烈,峡谷水急坡陡,河流下切深度大,地下水垂直循环带厚度大,常见深100~200m及以上的竖井、落水洞和一定规模的暗河、伏流、跌水分布。岩溶地下水以集中管道流为主,地表明流罕见,干旱缺水,其地貌总体形成峰丛-洼地或峡谷景观。

第五章　岩溶水

岩溶水通常指赋存于可溶性岩层空隙中的水,又称喀斯特水(karst water)。《水文地质学基础》(张人权等,2018)教材中定义,岩溶水是赋存并运移于岩溶化岩层中的水;《地质大辞典》(地质矿产部地质辞典办公室,2005)中定义,岩溶水是存在于可溶性岩层的溶蚀空隙(如溶洞、溶隙、溶孔)中的地下水。

岩溶水不仅是一种具有独立特征的地下水,同时它还是一种地质营力。岩溶水在流动过程中,对其储存介质进行不同程度的改造,不断地改变自身的储存条件和运动条件。另外,岩溶介质本身的分布特征、介质的不均匀性及各向异性对岩溶水的分布、补给、排泄和动态等方面,都表现出与其他类型的地下水不同的特征。

第一节　岩溶水的基本特征

一、岩溶水的循环特征

岩溶水的循环过程主要由水的输入、岩体内的蓄存和运移、水的输出三部分组成。输入部分由大气降水渗入和地面江、河、湖等的渗漏或渗流组成;岩体内水的蓄存和运移组成一个循环体,即岩溶的含水层或蓄水体;水的输出是指排泄流量或水位信息。该过程可概括为如图5-1所示的模型。

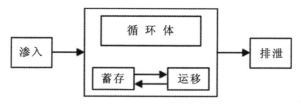

图5-1　岩溶水的循环过程示意图

二、岩溶水空间分布特征

岩溶水空间分布特征表现在其分布的不均匀性,主要归因于含水介质的结构、构造在三维空间上的非均质性和渗透性的各向异性,形成溶蚀优势方向的岩溶发育强于其他方向。如洞穴或管道发育方向就代表溶蚀优势方向,这个方向的渗透性比原生孔隙大100万倍,比溶蚀扩大的节理和层面大100倍。

以各向异性系数(ε)来表示空间的不均匀性,即:

$$\varepsilon = \sqrt{\frac{K_y}{K_x}} \quad \text{或} \quad \varepsilon = \sqrt{\frac{K_z}{K_x}} \tag{5-1}$$

式中，K_x、K_y、K_z 分别代表 3 个主轴轴向的渗透性。

三、岩溶水的运动特征

岩溶空隙大小悬殊，既有直径小于 1mm 的孔隙与裂隙，也有直径数十米的巨型洞穴，这使得其间岩溶水的运动异常复杂。在大洞穴中岩溶水流速高，呈紊流运动；而在断面较小的管道与裂隙中，水流则作层流运动。岩溶水可以是潜水，也可以是承压水。然而，即使赋存于裸露的巨厚纯质碳酸盐岩岩块中的岩溶潜水，也与松散沉积物中典型的潜水不同。由于溶蚀管道断面沿流程变化很大，在大洞穴中岩溶水呈无压水流，有时甚至成为地下河流、湖泊；而在断面小的管道中，则形成有压水流。

当岩溶水流在断面大小变化的同一管道中流动时，在断面大处的地段流速慢；而在断面小处的地段流速则加快，由于速度、水头的变化，同一水体在不同运动途径上呈现不同的水位（图 5-2）。

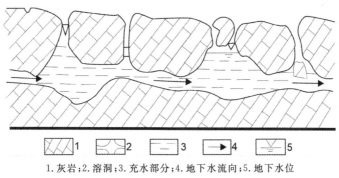

1.灰岩；2.溶洞；3.充水部分；4.地下水流向；5.地下水位

图 5-2 岩溶水水位变化示意图

四、岩溶水的水化学特征

岩溶潜水径流交替强烈，因此水的矿化度多小于 0.5g/L，一般为 HCO_3-Ca 型水，白云岩分布地区可见有 HCO_3-Ca·Mg 型水。岩溶承压水的化学成分随其水文交替条件的变化而变化。如由补给区向深部，矿化度可增大到每升数克的 SO_4·HCO_3 型水。构造封闭良好，发育古岩溶的含水层中，可保存矿化度高达 50~200g/L 的 Cl-Na 型水。

五、岩溶水的动态特征

1. 流量随时间动态的不稳定性

（1）降雨有效渗入量与岩溶含水层系统内的调蓄能力之间的不相容性是时间动态不稳定性的根本原因。不相容性的程度决定了不稳定性的程度，循环系统反应时间越短，动态越不稳定。

（2）时间动态的不稳定性不仅表现在补给期动态上，而且反映在消耗期动态上。

(3) 用调节系数 γ（或称非稳定系数）表示时间动态的不稳定性：

$$\gamma_{t-t_1} = \frac{Q_{max}}{Q_{min}} \tag{5-2}$$

式中，Q_{max} 为 t 时的最大流量（m^3/d）；Q_{min} 为 t_1 时的最小流量（m^3/d）。

按时间区分，分为多年、年、季等调节系数，一般用年调节系数的较多。峰林、峰丛岩溶区的地下河出口流量年调节系数正常值为 50~200，岩溶泉的年 γ 值较小，岩溶平原或开阔谷地的 γ 值为 1.5~5。岩溶水流量动态稳定性程度分级见表 5-1。

表 5-1　岩溶水流量动态稳定性程度

γ	<2	2~<5	5~<10	10~<50	≥50
稳定性	极稳定	稳定	较稳定	不稳定	极不稳定

2. 水位随时间动态的不稳定性

水位随时间动态的不稳定性用水位变幅 Δh 表示：

$$\Delta h = h_{max} - h_{min} \tag{5-3}$$

峰林、峰丛岩溶区的 Δh 正常值为 20~30m，最大范围一般在 80~100m 之间，甚至超过 100m。平原或开阔谷地的 Δh 值为 1~5m 或 5~10m。岩溶水水位动态稳定性程度分级见表 5-2。

表 5-2　岩溶水水位动态稳定性程度

Δh (m)	<2	2~<5	5~<10	10~<20	20~<50	≥50
稳定性	极稳定	稳定	较稳定	不稳定	极不稳定	超极不稳定

3. 水质随时间动态的不稳定性

水质动态变化取决于岩溶水的化学元素迁移和交换的时空规律，主要为下列因素：①流程边界地层岩性；②岩溶水流量、水温、压力的变化；③地下水开采引起的水质动态变化。①和③属于环境地质研究的范畴。

在一定的水文地质边界条件下，当流量增加的速度比溶解（即离子交换和迁移）速度快时，就会出现离子浓度随流量增加而减小的规律。美国学者 Betson 提出了一个水质数学模式，即：

$$C（浓度）= a\left(\frac{Q}{DA}\right)^b \tag{5-4}$$

式中，a、b 为系数；Q 为排泄流量（m^3/d）；DA 为补给面积（m^2）。

滨海岩溶水水质动态变化主要取决于淡水和咸水界面的波动，即接触深度。因此，抽水应限制在水质标准范围内，即允许开采降深范围内。

六、中国南方与北方岩溶水的差异

以秦岭-淮河为界，我国南方与北方岩溶水的发育存在一系列的差异。

在岩溶含水介质方面,南方的岩溶含水介质常是高度管道化与强烈不均质的,相距很近的两个钻孔,一个可能水量很大,另一个可能干涸无水。相比之下,北方岩溶含水介质要均匀得多(以溶蚀裂隙为主,发育局部的岩溶管道)。

我国南方与北方岩溶泉的动态有明显区别:南方的岩溶泉对降水的响应十分灵敏,流量季节变化很大,最大流量比最小流量大百倍以上;北方的岩溶大泉,汇水范围往往可达数千平方千米,流量达数立方米每秒,但其流量动态相当稳定,如山西洪洞广胜寺岩溶泉流量始终恒定于 $4\sim 5m^3/s$ 之间。

对于我国南方与北方岩溶水差异的根本原因目前还没有一致的看法,通常认为是一系列因素(地层岩性、构造、气候)的综合作用导致两者含水介质不同。

第二节 岩溶地下水系统

一、岩溶含水层及含水岩组

1. 岩溶含水层

岩溶含水层是具有一定的厚度、区域延伸范围、蓄水能力和导水能力及供井出水量的可能性蓄水层。如果含水层与岩层一致,该岩层即为含水层;如果不一致,跨层位,称含水层系统;如果含水层仅是岩层某一部分或者跨越多层位的某一部分,可称为蓄水体或含水块段。含水层在垂直方向上还可划分为块和段。

1)岩溶含水层的分类

(1)按水的运动带分类:高层含水层、中层含水层、浅层含水层、深层含水层。

(2)按水流水力学性质分类:承压含水层、自由流含水层。

(3)按富水程度等级分类:强富水含水层、中富水含水层、弱富水含水层。

(4)按循环系统特征分类:扩散流含水层、管道流含水层。

2)岩溶含水层的主要参数

(1)厚度。以基流为界面,上部称调节含水层厚度,可通过季节变动带水位变幅 Δh 确定;下部称稳定含水层厚度,可借助于勘探手段揭露。

确定稳定含水层厚度,可利用岩溶率($K_率$)和能见率($K_见$)两个参数。

$$K_{率} = \frac{溶洞叠加总高度(m)}{钻孔揭露深度(m)} \tag{5-5}$$

$$K_{见} = \frac{遇洞的钻孔个数(个)}{钻孔总个数} \tag{5-6}$$

(2)孔隙度(或岩溶率,$K_率$)。孔隙度和孔隙的大小是两个不同的概念。孔隙的大小是指其体积的大小,孔隙度是比例系数。就水文地质意义来说,孔隙度不如孔隙大小意义大。如黏土的孔隙度为 10%~50%,比灰岩和白云岩的孔隙度(0.5%~40%)大,但黏土不透水。

$$K_{率} = \frac{V_r}{V_s} \times 100\% \tag{5-7}$$

式中,V_r 为水位变动带内的岩溶水储量(L);V_s 为水位变动带内的岩溶化岩体的体积(L)。

(3)渗透系数。渗透系数表示地下水运移的速度,可通过联通实验或抽水实验取得。

(4)贮水系数(S)。贮水系数表示每单位水头变化 Δh(m),含水层的每单位平面面积 F(m^2)的贮水量 W(m^3)。

$$S = \frac{W}{F \cdot \Delta h} \tag{5-8}$$

(5)传导系数(T)。传导系数表示单位含水层厚度 Δh(m)的渗透速率。

$$T = K \times \Delta h \tag{5-9}$$

(6)给水度(μ)。给水度表示单位补给面积 F(m^2)上,水位变化 Δh(m)时,含水层排出(或通过)的储量 W(m^3)。

$$\mu = \frac{W}{F \cdot \Delta h} \tag{5-10}$$

2. 岩溶含水岩组

1)岩溶含水岩组富水性指标

以碳酸盐岩类地层分布为主的裸露型岩溶区,地下水补给源为大气降水。接受补给后,在地表水文网及岩性、构造的控制下,地下水于岩体内发育的各种裂隙、管道中径流,以泉或地下河形式排泄。因此,含水岩组的富水性可采用以含水层枯季地下水径流模数为主要指标,同时参照泉、地下河出口流量及施工钻孔涌水量进行评价(表5-3)。

表 5-3 含水岩组富水性等级指标划分

含水岩组	划分指标			富水性等级
	常见泉流量(L/s)	地下河出口流量(L/s)	枯季地下水径流模数[L/(s·km²)]	
碳酸盐岩类含水岩组	>10	>100	>6	强
	5~10	50~100	3~6	中等
	<5	<50	<3	弱
碎屑岩类含水岩组	>1		>3	强
	0.1~1		1~3	中等
	<0.1		<1	弱

2)碳酸盐岩类含水岩组富水性特征

(1)裂隙-溶洞水含水岩组。该组代表性地层有上石炭统上司组($C_1 s$)、摆佐组($C_1 b$)、黄龙组($C_2 hl$)、马平组($C_2 mp$)和中二叠统栖霞组—茅口组($P_2 q-m$)等,其含水介质组合为溶洞-管道-裂隙-地下溶潭,地表落水洞、溶洞、洼地等屡见不鲜。地下水以集中管道流形式赋存,富水性极不均匀,含裂隙-溶洞水,地下水枯季径流模数一般为 6.5~10L/(s·km²),常见泉点流量为 5~100L/s,常见地下河出口流量为 25~1000L/s,富水性为中等—强。地下水水化学类型以 HCO_3^--Ca、$HCO_3^- \cdot SO_4^-$-Ca 为主,其次为 HCO_3^--Ca·Mg 等。

(2)溶洞-裂隙水含水岩组。该组代表性地层有上泥盆统(D_3)、下石炭统岩关组($C_1 y$)、下三叠统永宁镇组(T_1y)、中三叠统关岭组(T_2g),岩性主要为灰岩、泥质灰岩、白云岩。含水岩组含水介质组合为裂隙、溶孔及小规模管道、溶洞等,地表分散排泄的泉水较多。地下水赋存形式以裂隙流为主,管道流次之,含溶洞-裂隙水,富水相对均匀,地下水枯季径流模数为1.0~7.0L/(s·km^2),常见泉点流量为1~20L/s,钻孔平均涌水量为492.29m,富水性为弱至中等。地下水水化学类型为HCO_3-Ca、HCO_3-Ca·Mg、HCO_3·SO_4-Ca、SO_4·HCO_3-Ca·Mg型。

(3)溶孔-溶隙水含水岩组。该组代表性地层有震旦系灯影组(Z_1d)、中—上寒武统娄山关组($\in_{2-3}ls$),岩性为白云岩,含水介质组合为裂隙、溶孔、溶隙等,含水岩组富水性相对均匀,含溶孔-溶隙水。地下水水化学类型为HCO_3-Ca·Mg、SO_4·HCO_3-Ca·Mg型。

二、岩溶地下水系统的分类

岩溶地下水系统是以水循环为主要形式的物质能量传输系统,是岩溶动力系统的一个子系统。因受碳酸盐岩岩性特征和岩溶发育程度的影响,岩溶地下水系统的结构和功能千差万别。

1. 按岩溶地下水出露条件进行分类

按岩溶地下水出露条件,岩溶地下水系统划分为四大类:地下河系统、岩溶泉系统、集中排泄带岩溶地下水系统、分散排泄岩溶地下水系统。

地下河系统:由地下河的干流及其支流组成的且具有统一边界条件和汇水范围的岩溶地下水系统。地下河系统常具紊流运动特征,岩溶水地下通道是地下径流集中的通道,常具有河流的主要特征,动态变化明显受当地大气降水影响。

岩溶泉系统:具有统一的边界条件和汇水范围,以个体岩溶泉的形式出露地表的岩溶地下水系统。岩溶泉系统与地下河系统的主要区别在于,前者地下水没有明显的集中储集和运移及规模较大的地下通道或空间,受地质构造、地形切割等因素影响,地下水仅在近排泄地带相对集中径流与排泄。

集中排泄带岩溶地下水系统:岩溶地下水以多个岩溶泉或地下河的形式呈带状相对集中排泄,并具有共同的边界条件和汇水范围的岩溶地下水系统。集中排泄带岩溶地下水系统往往含有两个或两个以上的岩溶泉或地下河。集中排泄带岩溶地下水系统最显著的特点是地下水出露点呈带状且排泄相对集中。

分散排泄岩溶地下水系统:分散排泄的或无明显排泄口的岩溶地下水系统。其边界条件和汇水范围可能是共同的,也可能是不统一的。分散排泄岩溶地下水系统与岩溶泉系统和集中排泄带岩溶地下水系统主要区别在于,前者地下水呈分散小泉或散流状排泄。在实际划分时,对不要求必须划分的流量小于50L/s的岩溶泉或地下河可归于此类。

2. 按岩溶含水岩组埋藏条件划分

在岩溶地下水出露条件分类的基础上,按岩溶含水岩组的埋藏条件进行划分,岩溶地下水系统可具体划分为5种最常见的类型:裸露型、裸露-覆盖型、覆盖型、裸露-埋藏型、埋藏型。其中,裸露型、覆盖型、埋藏型是3种最基本的类型,裸露-覆盖型和裸露-埋藏型属过渡类型。

裸露型：可溶岩地层(岩溶含水岩组)裸露地表,土壤层分布不连续且厚度较薄或缺失,洼地、谷地中有松散堆积物覆盖。裸露型岩溶区是西南地区岩溶最发育的区域,主要分布于云贵高原向广西盆地过渡的斜坡地带：①纯碳酸盐岩裸露型岩溶区主要分布在贵州南部、广西西部及云南东部,最大的特点是碳酸盐岩连片分布,地貌类型主要为岩溶丘原、溶丘盆地、峰丛-洼地、峰丛-峰林谷地等。含水岩组以纯碳酸盐岩为主,几乎无隔水层存在,地下水埋藏较深,动态变化极不稳定,多形成地下河和岩溶大泉。②碳酸盐岩与非碳酸盐岩互层裸露型岩溶区主要分布在贵州北部、重庆东部及湘西和鄂西,位于由贵州高原向四川盆地和湘西丘陵过渡的斜坡地带,最大的特点是碳酸盐岩与碎屑岩相间分布。地貌类型主要为溶蚀-侵蚀中高山峡谷、低中山、溶丘。常出现高位向斜蓄水构造,高出当地侵蚀基准面200～400m,发育"悬挂式"地下河。以白云岩为主的含水岩组,岩溶地下水具承压性,水位埋深浅,多以岩溶泉的形式出露地表。

覆盖型：可溶岩地层主要为松散沉积物所覆盖,仅在峰簇或孤峰等石山出露。覆盖型岩溶区主要分布于湘中、湘南、桂东北、桂中、粤北等地,其特点是覆盖型和裸露型岩溶相间分布,地貌以岩溶平原、峰林平原、峰林谷地为主,地形较平坦。覆盖型岩溶区的地下岩溶管道是很好的储水空间,岩溶地下水位埋藏较浅,有时有上升泉出露,岩溶地下水多具承压性或微承压性,并与上覆松散层孔隙水有一定水力联系,动态变化较稳定。含水介质虽以管道型为主,地下水仍具有统一的流场特征。

埋藏型：可溶岩地层埋藏于非可溶性基岩之下。埋藏型岩溶区主要分布于四川盆地的盆底边缘及盆周山地,包括盆地东部的重庆市,在其他地方也有发育。埋藏型岩溶地下水主要分布于背斜的倾伏端及其缓翼。埋藏型岩溶含水岩组富水性均匀,岩溶地下水具有统一的地下水动力场,多为承压水,往往具有较高的水头,其出露形式多为岩溶上升泉或泉群,流量或水位动态变化小。古岩溶和深部岩溶发育,其埋藏深度和水循环深度可达2000～3500m。埋藏型岩溶地下水经过深部循环多形成硫酸盐型高温热水。埋藏型岩溶含水岩组中还蕴藏着较丰富的卤水。

三、岩溶地下水系统的特征

岩溶地下水系统可概括为3个基本特征,即整体性、质能转换性和自身的调整性。

1. 整体性

岩溶地下水系统的整体性是系统最小部分与结构层次性的集中体现,是各独立子系统的统一。岩溶地下水系统的整体性要比其他地下水系统更重要,主要是因为岩溶地下水系统内部各基本要素间组合与相互关系十分复杂。

2. 质能转换性

与其他地下水系统相比,岩溶地下水系统在其形成演化历史进程中不断地发生质能转换、改造与建造、沉积与搬运、调整与重组。岩溶地下水系统质能转换涵盖着两大过程：其一是失物质获能量或获物质失能量的适应性自稳定过程；其二是失物质获能量或获物质失能量的适应性自组织过程。在上述两大过程中,岩溶地下水系统自身的结构层次性均发生了变化，并产生了新结构。

3. 自身的调整性

因岩溶地下水系统自身始终处于质能转换过程中，致使其自身的调整性表现异常突出。为了保证岩溶地下水系统自身的稳定性，其自身调整性对其结构的安全极为重要。岩溶地下水系统自身调整性既保证了系统各部分之间的有机联系，又将部分集成组装成整体，从而使系统结构整体性保持相对稳定状态，增强系统结构对环境变化的适应能力。

四、岩溶地下水含水系统及其供水特征

《水文地质学基础》教材中指出，含水系统（含水层，aquifer）是指由隔水或相对隔水岩层圈闭的、具有统一水力联系的含水岩系。《地质辞典》中定义岩溶地下水系（岩溶地下河系）为具有一定汇水范围的、由主流及各级支流构成的岩溶地下水流。各岩溶地下水系之间的界限称为岩溶地下水系分水岭。

岩溶地下水系统中不同的地下水系统水文地质条件有着较大差异。

1. 地下河系统特征

受岩溶化程度、地表水文网及地质构造的控制，碳酸盐岩地层分布区的地下河平面上呈树枝状、三叉状、条带状、单枝状。单枝状的展布在空间上呈多层或单一管道径流，发育方向受构造线方向控制。

2. 岩溶泉系统特征

岩溶泉的出露受地形地貌、地质构造等因素的影响，具有如下几种类型。

(1) 受河流或冲沟切割出露型。由于河流或冲沟的下切作用，揭露了含水层，使地下水以泉点的形式出露于地表。

(2) 在沟谷或地势低洼处自然出露型。地下水沿岩层走向或倾向径流，当遇到沟谷或地势低洼处时则自然出露于地表。

(3) 受隔水层或构造（断裂、褶皱、构造盆地等）阻隔作用出露型。地下水在径流途中因受阻水层或断裂阻隔而出露地表。

岩溶泉的径流受地表水文网、岩性及地质结构等因素的影响和控制，其边界表现形式有地表分水岭、地下分水岭、断裂构造、隔水层4种形式。

3. 储水构造系统特征

储水构造系统指除了地下河系统、岩溶泉系统以外的岩溶水文地质单元，与地下河及岩溶大泉系统显著的区别在于地下水储水构造系统受地质构造控制，含水介质以小型岩溶孔洞、裂隙组合为主，地下水在含水层中呈面状分散径流，含水层的含水性相对较均匀，地下水多以分散出露的小泉为主要形式排泄。因此，又可称为分散径流系统。在地形地貌条件上，储水构造系统一般分布于地形平缓的台地、盆地区；在含水层位及岩性上，储水构造系统内含水岩组多为下石炭统灰岩、白云岩，地貌多为溶丘洼地、溶丘槽谷，水力坡度小，径流速度慢，

地下水以水平运移为主,适宜于机井开采地下水。

五、岩溶地下水与地表水的转换

当地表水从非岩溶区流进岩溶区时,常集中于暗河口或巨型落水洞注入地下,补给位于深处的岩溶水;当岩溶水向非岩溶区流出时,常集中于岩溶区的边缘补给地表水沟。因此,在岩溶区的边缘,常是地表水补给岩溶水或岩溶水补给地表水的最显著、最活跃的地方,岩溶水从邻近的非碳酸盐岩层中的裂隙水或从覆盖于碳酸盐岩之上的第四系土层中的潜水得到补给的现象也是很普遍的。如很多洞顶及洞壁的裂隙多有滴水、漏水现象,就证明了这种现象。反之,岩溶水补给其他类型地下水的现象亦常存在,雨季就更为明显。

根据转化的特点和边界条件,地下水与地表水互相转化可以归纳为季节转化型、伏流转化型(或称渗漏型)和阻隔转化型3种基本类型。

1. 季节转化型

洪水期时,地下岩溶通道过水断面不能满足调洪量的负载而溢流,以地表的形式排向临近地表河;枯水期时,地下水仍然向同一地表河排泄,这种转化关系称单向转化。另一种转化形态为,洪水期时,地下河溢流,以地表河形式排向临近地表河;枯水期时,地表河又补偿给地下河,向地下河排泄,这种转化关系称循环转化。

2. 伏流转化型

地表水流进入岩溶化岩体内成为伏流,在岩体另一端又重现为明流。地表河通过岩溶地区时,因下伏管道发育而发生渗漏,使地表河流量的一部分转为地下水,如贵州乌江某些河段就有此现象。

3. 阻隔转化型

在岩溶地下水流动过程中遇到隔水岩组时,被顶托溢流成为地表河,称阻隔转化型,如广西巴马瑶族自治县所略乡六能伏流在懒满溢流成地表河。

实际上,在岩溶地区往往是组合类型的转化关系,即在一个地下河系内的不同河段,因边界条件的局部变化,岩溶发育的差异性及不同的季节,各自出现上述3种不同转化类型的组合。

第三节 岩溶水资源的评价

一、岩溶水的类型

岩溶水的分类尚没有统一的标准和原则。根据目前国内外的文献资料,主要概括为以下几种分类方法。

(1)按循环系统特征分为扩散流和管道流:扩散流包括扩散补给水和离散补给水;管道流包括裂隙水、溶洞水及地下河等。

(2)按水的运动带分为充气带水、季节变动带水及饱水带水,包括浅层水和深层水。

(3)按水流水力学性质分为自由流和限制流,包括承压水和非承压水(或上升泉和下降泉)。

(4)按水文地质结构分为断裂带水、层间水、接触带水和裂隙水等。

(5)按岩溶供水水文地质勘查类型分为裸露型岩溶水、覆盖型岩溶水及隐伏型岩溶水。

(6)碳酸盐岩类岩溶水按地下水动力条件分为裂隙溶洞水、溶洞裂隙水、孔洞溶隙水。

二、岩溶水的补给来源、径流形式和排泄方式

1. 岩溶水的补给来源

岩溶水最主要的补给来源是大气降水,在南方其主要形式是降雨,而在北方除降雨外还有融雪。此外,河水和其他含水层、洞穴凝结水及人工补给来源也在一定条件下占有一定比例。

在裸露岩溶地区,岩溶水主要接受大气降水和地表水的直接补给,其中大气降水是主要补给水源。降水以渗流的形式补给地下水,速度缓慢,补给量小,一般入渗量仅占降水量的10%~30%,有的甚至不到5%。而在覆盖岩溶地区,除小部分降水沿裂隙缓慢地向地下入渗外,绝大部分降水在地表汇集后,通过落水洞、溶斗等直接流入或灌入地下,在短时间内通过顺畅的地下通道,迅速补给岩溶水,补给量很大。如我国南方的岩溶地区,降水入渗量可达降水量的80%以上,北方的岩溶地区则一般为40%~50%,个别可达80%。所以,在岩溶地区往往雨过不见水,地表水十分缺乏,流入岩溶地区的地表河流,亦往往会全部转入地下。

岩溶水水源的补给方式有两种:一种是分散补给,即沿着溶蚀裂隙以分散流的方式渗入地下;另一种是集中补给,即沿着宽大的岩溶通道(落水洞、漏斗等)以集中流方式"灌入地下",这是岩溶水特有的补给方式。在被掩盖的岩溶区,水源通过补给区的灰岩露头、导水的构造破碎带、"天窗"等通道分散渗入补给岩溶水。

2. 岩溶水的径流形式

岩溶水的径流形式决定于岩溶通道的形态,而后者又受地质构造和岩溶发育程度的控制。一般来说分为3种形式:管道状的、树枝状的和网状的。

3. 岩溶水的排泄方式

岩溶水最常见的排泄方式是向河流排泄,在平原或高原盆地边缘则常以泉的形式排泄,还有补给其他含水层或补给人工集水建筑物等。

岩溶水排泄的最大特点是排泄集中、量大。很大范围内的岩溶水通常以集中的地下河出口、大泉或泉群的形式涌出地表,流量可达每秒几十升,甚至每秒几百立方米。如广西地苏地下河系,在 $1000km^2$ 的范围内,地下水集中于红水河边青水出口处排泄,枯水期流量为 $4m^3/s$,丰水期流量高达 $390m^3/s$。

三、岩溶水动态类型

地下水流量或水位的动态变化是降水量大小、含水介质通畅性、地下水水力坡度、人工开

采地下水等综合作用的集中表现,其中最主要影响因素是降水量大小及含水介质通畅性。含水介质决定贮水空间的规模、降雨入渗的流速、入渗量,从而影响地下水流量或水位动态变化。

岩溶水的动态变化主要表现为两种类型。

(1)缓变型:水动力条件好,补给范围大且稳定的地下水出露点,以上升泉为主。

(2)急变型:峰丛洼地、槽谷等山区,地形起伏大,切割较强烈,地下水水力坡度较陡,地下水流量的动态变化很不稳定。

四、岩溶地下水资源的评价

地下水资源的评价主要应该考虑3个方面的问题:一是地下水的水量,二是地下水的水质,三是地下水的开采条件。对于岩溶地区来说,由于地下水分布的不均匀性和季节性的变化常常很大,因而具有与其他地区很不相同的开采特点,这在地下水评价时是需要特别注意的。有些地区除了供水以外,可能还涉及防洪排涝、矿山排水、修建暗河电站等,这些因素都应统一加以考虑,以便更合理地综合评价岩溶地区的地下水资源。

岩溶地下水在不同的年份、季节,水位、水量一般都有很大的变化,因此在做资源评价时必须考虑其随时间变化的特点。同样,需水量也有季节性的变化。要正确评价岩溶地下水资源能否满足工业用水和生活用水的需要,就不宜以冬季岩溶地下水的最枯流量和夏季用水的最高峰值量相比,而应分别计算岩溶地下水的枯季和雨季资源,并与相应的冬季和夏季需水量对比。

对所评价地区岩溶水的悬浮物含量、重金属含量及微生物含量等指标进行评价,相关标准可参见地下水水质评价标准。

(一)地下水水量评价

1. 评价方法

1)地下水天然补给量计算

A)选择计算方法

地下水的补给源主要是大气降水,地下水流量或水位的动态变化与气象动态具同步关系,具有当年调节的特征,因此可采用大气降水入渗系数法计算地下水天然补给量。不同含水系统因岩性的不同,含水介质的组合各具特点,其中蕴涵的地下水类型亦各不相同,相应的地下水接受补给的能力和排泄就有所差别,而地下水径流模数则能较好地反映出不同含水岩组内地下水的天然赋存和运动规律,据此地下水的天然补给量亦可采用地下水径流模数法进行计算。

B)确定计算参数

a.计算面积。各计算块段面积在计算机上采用MapGIS软件于数字地形图上直接量算求得。

b.大气降水入渗系数计算。含水层接受大气降水补给的能力受含水岩组的含水类型、地形坡度、植被覆盖率及土层厚度的制约,并与降水形式、降水量及强度有关。大气降水是一个多元函数,在上述诸多因素中,最重要的是含水介质的组合类型。不同类型(岩性及组合)的含水岩组含水介质差异较大,由此导致允许大气降水入渗的能力亦差别较大。在有观测资料的地下水系统中,分别选择由纯碳酸盐岩含水岩组、碳酸盐岩夹碎屑岩含水岩组及碎屑岩含水岩组中出露的岩溶泉或地下河,对流量动态资料进行统计分析,求取特征流量并计算系统年总排泄量,结合当年大气降水和系统补给面积,求取大气降水入渗系数。计算式如下:

$$\alpha = \frac{Q^*}{P \times F} \tag{5-11}$$

式中,α 为大气降水入渗系数;Q^* 为地下河或岩溶泉年总排泄量(m^3);F 为地下河或岩溶泉补给范围(km^2);P 为有效降水量(mm)。

由多个分散排泄含水层(岩组)组合而成的地下水系统,则在求出单类含水层(岩组)大气降水入渗系数的基础上,以各类含水层在系统中的分布面积加权求取大气降水入渗系数。

$$\alpha^* = \frac{\sum_{i=1}^{n} \alpha_i \cdot F_i^*}{\sum_{i=1}^{n} F_i^*} \tag{5-12}$$

式中,α^* 为计算块段大气降水入渗系数综合值;α_i 为第 i 含水层的大气降水入渗系数;F_i^* 为第 i 含水层的出露面积(km^2)。

c. 不同保证率降水量的计算。矩法估计计算式如下:

$$\left. \begin{aligned} A &= \frac{m}{n+1} \times 100\% \\ C_s &= 2.0 C_v \\ \bar{P} &= \frac{1}{n} \sum P_i \\ C_v &= \frac{\sigma}{\bar{P}} \\ \sigma &= \sqrt{\frac{\sum (P_i - \bar{P})^2}{n-1}} \end{aligned} \right\} \tag{5-13}$$

式中,A 为降水量经验频率;m 为周期内降水量按大小排列的序号;n 为气象资料年限数;$\bar{P}$ 为多年平均降水量(mm);P_i 为年降水量(mm);σ 为均方差;C_v 为变差系数;C_s 为偏态系数;K_i 为年降水量模比系数($K_i = \frac{P_i}{\bar{P}}$)。

不同保证率降水量的计算式如下:

$$P_i^* = \bar{P}_a + \sigma \Phi \tag{5-14}$$

式中,P_i^* 为各县不同保证率降水量(mm);Φ 为皮尔逊Ⅲ型曲线均离系数;σ 为均方差;$\bar{P}_a$ 为平均降水量(mm)。

d. 地下水径流模数计算。不同时期地下水径流模数由下式计算:

$$M_i = \frac{Q_i}{F} \tag{5-15}$$

式中,M_i 为不同时期地下水径流模数[L/(s·km^2)];Q_i 为不同时期地下水排泄量($\times 10^4 m^3/a$);

F 为地下河系统或泉域面积(km^2)。

C)地下水天然补给量计算

a.大气降水入渗系数法：

$$Q_{补} = 10^{-1} \times \alpha \times S \times P_i^* \tag{5-16}$$

式中，$Q_{补}$ 为地下水天然补给量($\times 10^4 m^3/a$)；α 为大气降水入渗系数；S 为计算单元面积(km^2)；P_i^* 为不同保证率降水量(mm)。

b.地下水径流模数法：

$$Q_{径} = 3.15 \times S^* \times M \tag{5-17}$$

式中，$Q_{径}$ 为地下水天然补给量($\times 10^4 m^3/a$)；S^* 为含水层面积(km^2)；M 为地下水径流模数[$L/(s \cdot km^2)$]。

2)可开采资源量计算

根据工作区不同计算单元内地下水枯季径流模数值计算区内地下水可开采资源量。

a.开采系数法：

$$Q_{采} = \beta \times 3.15 \times S^* \times M \tag{5-18}$$

式中，$Q_{采}$ 为地下水可开采资源量($\times 10^4 m^3/a$)；β 为开采系数。

其余符号意义同前。

β 值为无量纲，反映了在当前经济技术条件下，采取符合当地水文地质条件的地下水开采方式，于不同季节从含水层中开采出的地下水资源量的比例，是一个影响地下水开采的众多制约因子的函数，即：

$$\beta = f(A,B,C,D,E,\cdots) \tag{5-19}$$

式中，A、B、C、D、E 等表示各影响因子。

上式含义可表述为：一个地区影响地下水开采的各因子影响力可以随着经济社会发展的不同阶段有所调整，但调整后的因子集合还是处于一种相对稳定的状态，无论之后地下水的开采能力是提高或降低，地下水的可开采量始终小于地下水的天然补给量。

b.确定开采系数。根据对区内地下水开发利用现状的调查，经济社会发展水平、地下水埋藏特征、地下水天然露头点出露条件及地下水天然资源量等是影响区内地下水开发利用的主要因素。而开发利用现状则是区内目前经济社会发展状况下地下水资源利用水平的体现，因此亦将其列为因子之一。以层次分析法确定各因素的权重。

3)地下水枯季径流模数法

地下水枯季径流模数法的计算式如下：

$$Q_{采} = 1.01 \times M_{枯} \times S \tag{5-20}$$

式中，$Q_{采}$ 为地下水可开采资源量($\times 10^4 m^3/a$)；$M_{枯}$ 为地下水枯季径流模数[$L/(s \cdot km^2)$]；S 为计算单元面积(km^2)；1.01 为换算系数。

2.水量评价例题

本例题是根据对贵州省威宁县调查的相关资料进行的计算。

大气降水入渗系数计算见表 5-4。

表 5-4　大气降水入渗系数计算表

水点号	年总排泄量		含水层补给面积 (km²)	2008 年大气降水量 (mm)	大气降水入渗系数(α)
	L/s	×10⁴m³/a			
21 号地下河	113	356.35	12.0	997.9	0.30
186 号岩溶泉	8.53	26.9	1.27	997.9	0.21
22 号泉	1.5	4.73	0.67	997.9	0.07

不同保证率下降水量的计算：根据威宁县 1951—2006 年共计 56 年降水量长序列资料，按照年降水量绘制威宁县年降水量频率适线图(图 5-3)。

根据《贵州省水资源综合规划》(贵州省水利水电勘测设计研究院和贵州省水文水资源局，2005)中贵州省 1956—2000 同步期年降水量均值等值线图查得年降雨均值为 1000mm；根据贵州省 1956—2000 同步期年降水量变差系数 C_v 等值线图查 $C_v=0.18$。比较频率曲线可知所取均值和 C_v 结果合理。

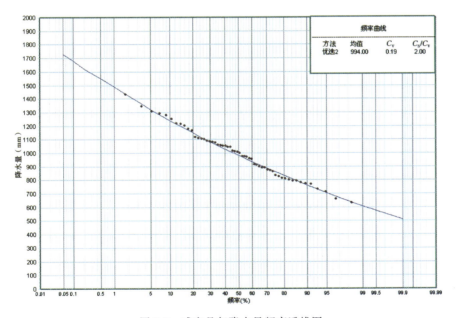

图 5-3　威宁县年降水量频率适线图

检验结果显示年降水量服从正态分布。通过查皮尔逊Ⅲ型分布 Φ 值表，用式(5-14)计算 50%、75%、95% 保证率的降水量(表 5-5)。

表 5-5　大气降水保证率计算表

类别	贵州省威宁县		
保证率(%)	50	75	95
降水量(mm)	988.48	869.39	707.03

地下水径流模数计算:研究区不同时期地下水径流模数由式(5-15)计算(表5-6)。

表5-6 地下水径流模数计算表

水点号	流量(L/s)			含水层补给面积(km^2)	地下水径流模数[L/(s·km^2)]		
	丰水期	平水期	枯水期		丰季	平水	枯季
46号泉	11.03	5.9	3	0.7	15.76	8.43	4.29
141号泉	12.19	5.86	2.78	1.27	10.16	4.88	2.32
184号泉	4.46	2.39	1.2	1.1	4.05	2.17	1.09

地下水可开采资源量计算采用开采系数法和地下水枯季径流模数法。

1)开采系数法

各影响因子评分结果见表5-7。

表5-7 各影响因子评分结果

地区	准则层	A1	A2	A3	A4	A5
威宁县	A1	1	3	4	6	1/2
	A2	1/3	1	1/3	5	1/3
	A3	1/4	3	1	5	1/3
	A4	1/6	1/5	1/5	1	1/7
	A5	2	3	3	7	1

勘查区影响因子权重计算结果见表5-8。

表5-8 勘查区影响因子权重计算结果

地区	影响因素	经济社会发展水平	地下水埋藏特征	地下水天然露头点出露条件	开发利用现状	地下水天然资源量
威宁县	权重值	0.298	0.131	0.152	0.036	0.383

根据式(5-18)和式(5-19),计算出区内地下水可开采资源量为 $11\,594.1×10^4 m^3/a$。

2)地下水枯季径流模数法

根据工作区不同计算单元内地下水枯季径流模数值,进而得出区内地下水可开采资源量。由于受开采技术条件的限制,考虑到生态环境用水等因素,取1/3的枯季径流量作为研究区可开采资源量。

计算结果:区内地下水可开采资源量为 $13\,539.82×10^4 m^3/a$。

结论:采用开采系数法和地下水枯季径流模数法分别计算了区内地下水可开采资源量。其中地下水枯季径流模数法选用的基础资料详实、可信,但计算结果仅代表研究区同期地下水枯季径流量,未将与地下水开发利用密切相关的经济社会发展水平考虑在内;开采系数法在分析区内经济社会发展水平、利用条件及天然资源量分布状况的基础上,对影响地下水开采的主要因子进行了量化,计算结果符合区内以农业经济为主的用水特点。因此采用开采系数法的计算结果,研究区地下水可开采资源量为 $11\,594.1\times10^4\,\mathrm{m^3/a}$。

(二)地下水水质评价

1. 评价方法

目前国内对地下水质量评价的方法较多,本书采用《地下水质量标准》(GB/T 14848—2017)中推荐的综合指数评价方法(梁秀娟等,2016)。

综合指数法是以地下水水质调查分析资料或水质监测资料为基础,根据实测浓度,按照《地下水质量标准》(GB/T 14848—2017)所列分类指标进行单项组分质量类别划分,将地下水质量划分为 5 类,代号与类别相同,不同类别标准值相同时,从优不从劣。根据不同的类别确定单项组分评价分值(表 5-9)。

表 5-9 单项组分评分值 F_i

类别	Ⅰ	Ⅱ	Ⅲ	Ⅳ	Ⅴ
F_i	0	1	3	6	10

注:Ⅰ、Ⅱ、Ⅲ、Ⅳ、Ⅴ为地下水质量标准中各类别水代号。

根据综合评价方法中的内梅罗指数法,按下式计算综合评价分值(F):

$$\left.\begin{aligned}F&=\sqrt{\frac{(\bar{F}^2+F_{\max}^2)}{2}}\\ \bar{F}&=\frac{1}{n}\sum_{i=1}^{n}F_i\end{aligned}\right\} \tag{5-21}$$

式中,$\bar{F}$ 为各单项组分评分值 F_i 的平均值;$F_{\max}$ 为各单项组分评分值中 F_i 的最大值;n 为项数。

根据 F 值,按表 5-10 中的规定划分地下水质量级别。

表 5-10 地下水质量级别划分

级别	优良	良好	较好	较差	极差
F	<0.80	0.80～<2.50	2.50～<4.25	4.25～<7.20	≥7.20

2. 水质评价标准

评价标准是地下水质量评价的前提和依据,目前,国内外使用的评价标准可分为两类:一类为区域地下水天然背景值,另一类则是国家制定的水质量标准。对于研究区而言,各矿区水质评价标准由于自然条件及污染程度不同而不尽相同,目前很难获得煤矿开采前的地下水天然背景值。因此,本书选用 2017 年 10 月 14 日中华人民共和国国家质量监督检验检疫总局发布的《地下水质量标准》(GB/T 14848—2017)作为评价标准,部分污染物评价标准如表 5-11 所示。

表 5-11 地下水水质评价标准

项目	Ⅰ类	Ⅱ类	Ⅲ类	Ⅳ类	Ⅴ类
pH	6.5≤pH≤8.5			5.5≤pH<6.5 或 8.5<pH≤9.0	pH<5.5 或 pH>9.0
硫酸盐(mg/L)	≤50	≤150	≤250	≤350	>350
氟化物(mg/L)	≤1.0	≤1.0	≤1.0	≤2.0	>2.0
铁(mg/L)	≤0.1	≤0.2	≤0.3	≤2.0	>2.0
锰(mg/L)	≤0.05	≤0.05	≤0.1	≤1.5	>1.5
氨氮(mg/L)	≤0.02	≤0.1	≤0.5	≤1.5	>1.5

3. 水质评价案例

矿区地下水的污染主要由煤矿开采引起,兼有农业生产和居民生活等方面因素共同作用造。根据对其水质结果分析比较,选取 pH、硫酸盐、氟化物、铁、锰、氨氮 6 个评价因子。由于研究区中各个矿井废水水质基本相同,本书根据新化乡 10 个矿井水质分析(表 5-12)得出研究区矿井废水的大致水质特点。

表 5-12 新化乡矿区部分煤矿矿井水的几种重要水质指标

编号	监测点	pH	硫酸盐(mg/L)	氟化物(mg/L)	铁(mg/L)	锰(mg/L)	氨氮(mg/L)
1	金鸡矿井	6.65	235	0.08	0.4	1.53	0.06
2	鸡爬坎矿井	6.68	171	0.34	1.21	0.26	0.51
3	化竹矿井	6.62	151	<0.05	<0.05	0.31	0.52
4	中心矿井	6.46	141	<0.05	0.42	0.09	0.34
5	金凤矿井	6.73	151	<0.05	0.34	<0.02	0.53
6	吉盛矿井	6.68	113	<0.05	0.37	0.33	0.32
7	贵源矿井	7.98	194	0.11	<0.05	<0.01	0.58
8	新丰矿井	5.79	152	<0.05	0.68	<0.01	0.12
9	狮子岩矿井	6.7~7.1	179	0.12	0.41	0.24	0.5
10	繁星矿井	6.65	182	<0.05	0.61	0.06	0.55

依据《地下水质量标准》(GB/T 14848—2017)进行综合评价。金鸡矿井、鸡爬坎矿井、化竹矿井、金凤矿井 4 个矿井水质综合评分都大于 7.20,属于极差级别,说明其矿井水已受到严重污染。贵源矿井、新丰矿井、狮子岩矿井 3 个矿井水质综合评分为 7.19、4.44 和 4.51,属于较差级别,说明其矿井水已受到污染。中心矿井、繁星矿井、吉盛矿井 3 个矿井水质综合评分

分值分别为 2.37、2.32 和 2.28,属于良好级别,说明该处地下水水质较好。评价结果见表 5-13。

表 5-13 研究区地下水水质综合评价结果

编号	监测点	综合评分值	综合评价结果
1	金鸡矿井	7.35	极差
2	鸡爬坎矿井	7.29	极差
3	化竹矿井	7.26	极差
4	中心矿井	2.37	良好
5	金凤矿井	7.26	极差
6	吉盛矿井	2.28	良好
7	贵源矿井	7.19	较差
8	新丰矿井	4.44	较差
9	狮子岩矿井	4.51	较差
10	繁星矿井	2.32	良好

根据以上所做的研究区水质评价,可以看出矿区大部分地下水已经受到了污染。研究区内 10 个矿井水中,水质极差有 4 个、水质较差有 3 个、水质良好有 3 个。由表 5-11、表 5-12 可以看出,超标的污染物主要有硫酸盐、氟化物、铁、锰、氨氮等,说明研究区内地下水受到煤矿开采和矿区居民生活污水共同的影响。

由于矿区内的矿井水已经遭到不同程度的污染,因此要利用矿井水作为矿区生产生活用水,必须对矿井水进行处理;同时,污染的矿井水外排可能对地表水体和地下水体造成污染,为了保护矿区居民的身体健康,对矿井排水进行污染治理已经非常必要。

五、开发利用措施与管理

中国岩溶水资源丰富。据初步统计,中国水资源量 28 000 亿 m^3/a,其中地下水资源量 8000 亿 m^3/a;岩溶水天然资源量 2 039.67 亿 m^3/a,占地下水资源量的 1/4 强。由于中国碳酸盐岩分布面积可占全国陆地面积的 1/3 以上,因此中国岩溶水在城市和工业基地供水中占有重要地位。据全国 29 个省会和直辖市的统计,有济南、太原、贵阳、昆明等 1/4 以上省会城市利用岩溶水作为供水水源,北京、天津、南京等城市及其工矿企业也部分利用岩溶水作为供水水源。

1. 岩溶水资源开发利用

岩溶水多以地下河、岩溶泉的方式出露,但有的地段受地形地貌及构造的影响,地下水储存于深部岩溶含水介质中,水位埋深较大,根据不同的地下水类型及水位埋深一般提出如下开发利用模式。

1)地下河开发利用模式

地下河是岩溶区一种最重要的地下水运动模式,具有流量大、水资源丰富的特点,开发利用模式可有堵、截、引、拦、提等。

(1)堵。在地形切割强烈的地区,地下河流量和水力坡度大,常形成跌水和瀑布,宜采用堵塞地下河出口、进口或洼地中漏斗的方式,使之成为地表或地下水库,使地下水位抬高,方便提水。采用堵的方法开发利用地下河,工程措施简单,耗资少,容易获得成功。

堵出口:在地下河出口处修建拦水坝,引水利用或直接利用地下河的"大肚子"作为水库;或堵塞地下河出口,抬高地下水位,使地下水从天窗冒出地表,利用天窗蓄水成库。

堵进口:堵塞地下河的进口、落水洞,利用盲谷、大型洼地作库区蓄水,形成地表水库。

堵支洞:在岩溶管道复杂、支流较多的情况下,堵塞支流或下流通道,将分散流汇集成一股集中引出,开凿隧洞引出地表利用。

(2)截。在地下河落差大、水位埋深较大、出口较低的情况下,为扩大受益面积,从较高位置于洞内筑坝,开凿隧道截取地下水。

(3)引。引水工程常用于地下水位埋深大,地下河位置调查清楚的溶丘洼地和溶丘谷地,一是在地下河出口处存在跌水的情况下直接开渠利用,二是在地下河径流途中打洞引水。在水位过低的情况下,采取先堵后引,先在洞内跌水处筑一道石坝抬高水位,然后凿隧道引水利用。

(4)拦。在地下河的出口处,选择适当的位置利用有利的地形条件筑坝拦蓄地下水成库,既拦蓄了地下水,同时也积蓄了地表水,水源有可靠的保证。

(5)提。在溶丘洼地、谷地,峰丛洼地、谷地的补给区或补给径流区,地下河出口多在沟谷底部,水位一般埋深大,不易外引的情况下采用提的开采方式,即利用地下河的天窗、岩溶潭、落水洞或开凿竖井采用动力设备提取地下水。

2)岩溶大泉开发利用模式

岩溶大泉是岩溶地区地下水集中排泄最为普遍的形式,利用方便,多以自然状态利用为主,为扩大水量、提高水位、扩大使用面积,可采用引、围、拦、扩等开发利用模式。

(1)引。利用泉水出露位置较高、流量较大的特点,修渠引用。

(2)围。针对具有一定水头压力、出露标高大致与周围地形相当的上升泉,采用围泉成井的方式抬高泉水水位,自流利用地下水。

(3)拦。与拦地下河出口类似,在泉口有利地形条件处筑坝拦截泉水成塘、坝,拦蓄地表水、地下水。

(4)扩。在地形平坦,地下水丰富的地区,当出露的泉水与深部岩溶管道有联系的情况下,采用扩泉增大涌水量提取地下水。

3)孔、井开采模式

深部岩溶地下水多赋存于深部岩溶含水层的孔隙、裂隙及孔洞中,富集于有利的含水层位、储水构造、储水断裂带、岩溶水汇流带及各类接触带,由于地下水位多低于地表,含水部位埋深较大,不能采取简单工程措施开发利用,宜采用孔、井开采模式。

(1)挖井开采。对表层带岩溶水及含水层埋藏浅且地下水位埋深较小的岩溶水区,采取挖民井的方式开采利用岩溶地下水是最经济、便于分散供水的开采模式。

(2)钻孔成井开采。对含水层埋藏较深、地下水位埋深较大的岩溶水区及覆盖型、埋藏型深层岩溶水,人工开挖民井困难,宜采用钻孔建井取水方式开采地下水。

2. 岩溶水资源的保护

通常情况下,岩溶地区地表水资源量有限,开采利用地下水成为岩溶地区主要的取水方式。由于地下水的更新周期相较于地表水要慢很多,因此,对岩溶地下水资源的保护意义更加重大。这里主要提出以下建议。

(1)泉是岩溶水排泄的主要方式,也是岩溶地下水与地表水交换的主要通道,因此泉排泄区周围要做好防止各类污染排放的措施,区内的地表水的水质应至少达到地表水三级标准。

(2)对于裸露型岩溶水区域和覆盖型岩溶水汇水区,由于埋藏浅,岩层透水性好,污染物极易下渗,其本身自净能力弱,应在该区域做相应的防护措施。

(3)覆盖型和埋藏型的岩溶水补给径流区,一般岩溶水埋藏较深,上覆地层厚度大,污染物不易下渗,环境容量较大,可以不用实施特别的防护措施。

(4)对岩溶水开采、煤矿开采、石山采石、污水排放、水源勘探等方面,相关政府部门应通过管理法规或行政管理办法作出明确的管理规定。

(5)对于岩溶水资源的保护,应由政府牵头,多向周边居民进行水资源保护的宣传教育工作。

第四节 岩溶热水资源量评价

一、计算原则

储量计算原则根据中华人民共和国国家质量监督检验检疫总局发布的《地热资源地质勘察规范》(GB/T 11615—2010)。该规范所指地热资源(geothermal resources)是能够经济地被人类所利用的地球内部的地热能、地热流体及其有用组分。地质勘查的目的在于查明地热田的地质条件、热储特征、地热资源的质量和数量,并对其开采技术经济条件做出评价,为合理开发利用提供依据。

该规范规定,地热田的钻探深度应根据其勘查类型和当前开采技术经济条件及社会需要来确定,钻探深度不宜过深,深埋层状热储一般控制深度在2000m以内,浅埋带状热储控制深度在1000m以内。根据我国目前开采技术经济条件的可行性,并考虑远景发展的需要,将地热储量分为两类。

(1)能利用储量:热储埋深小于2000m,便于开采,经济效益好,在开采期间不发生严重的环境地质问题,符合资源合理开发利用的储量。

(2)暂难利用储量:热储埋深大于2000m,开采技术条件较困难,经济条件不合理,暂不宜开采利用,但将来有可能开采的储量。

二、计算方法及参数的选取

地热资源计算主要依据《地热资源地质勘查规范》(GB/T 11615—2010)及《地热资源评

价方法及估算规程》(DZ/T 0331—2020)。

1. 计算公式的选取

采用热储法估算地热资源储量应先确定地热田的面积和计算的基准面深度。地热田的面积(或计算区范围)最好依据热储的温度划定。地热田温度的下限标准应根据当地的地热可能用途确定，或根据规划的利用方式确定。在勘查程度比较低，对热储温度的分布不清楚时，可采用浅层温度异常范围、地温梯度异常范围大致圈定地热田的范围，也可以结合地球物理勘探方法圈定地热田的范围。计算的下限深度应根据当地的经济发展状况、地热资源的开采技术条件、地热利用的经济效益等因素综合考虑。

1) 热储热量计算公式

估算热储中储存的热量及地热田地热资源潜力，可按下式计算：

$$Q = Q_r + Q_w$$
$$[其中 Q_r = AM\rho_r C_r(1-\varphi)(t_r-t_0), Q_w = AC_w\rho_w(\varphi M + SH)(t_r-t_0)] \tag{5-22}$$

式中，Q 为热储热量(J)；Q_r 为岩石中储存的热量(J)；Q_w 为水中储存的热量(J)；A 为计算区面积(m^2)；M 为热储层厚度(m)；t_r 为热储温度(℃)；t_0 为研究区多年年平均温度(℃)；ρ_r 为热储岩石密度(kg/m^3)；C_r 为热储岩石比热；ρ_w 为地热水密度；C_w 为地热水比热[$J/(kg·℃)$]；φ 为热储岩石孔隙度(%)；S 为弹性释水系数；H 为计算热储起始点以上水头高度(m)。

2) 地热资源可开采量计算公式

用体积法计算出来的热储热量 Q 不可能全被开采出来，能通过钻井提取的那一部分热能称之为井口热量(Q_k)。井口热量与热储热量的比值称为回收率(R_g)：

$$Q_k = R_g \times Q \tag{5-23}$$

式中，R_g 为回收率；Q_k 为井口热量(指能通过钻井提取的那一部分热量)；Q 为热储热量。

在以上计算基础上确定既定开采方案下的地热资源开采量。

3) 地热流体的储存量计算公式

地热流体储存量包括容积储存量和弹性储存量两部分，计算公式如下：

$$W_总 = W_容 + W_弹 = V \times \varphi + F \times H \times S \tag{5-24}$$

式中，$W_总$ 为热储层热水总存储量；$W_容$ 为热储层地下热水容积存储量；$W_弹$ 为热储层地下热水弹性储量；V 为热储层有效体积；φ 为热储层平均孔隙度(3.2%)；F 为热储层分布面积；H 为自热储层顶板算起的水头高度；S 为热储层弹性释水系数(取 9×10^{-4})。

4) 地热井单井产热量计算公式

$$Q = \frac{C \times G_w(t_g - t_h)}{3.6} \tag{5-25}$$

式中，Q 为地热井的产热量(MW)；C 为水的比热[取 $4.18 kJ/(kg·℃)$]；G_w 为地热井产水量(m^3/h)；t_g 为地热井井口水温(℃)；t_h 为地热井尾水温度(℃)。

2. 参数的确定

(1) 热储层分布面积和厚度根据地热地质调查、物探、构造地热井及测温资料进行综合分析确定。

（2）热水及热储层物理参数按照《地热资源评价方法及估算规程》(DZ/T 0331—2020)查表求取,并与实测资料进行对比分析后选取。

（3）利用地球化学温标来计算热储层温度。地球化学温标是在一系列先决条件下建立起来的,其计算结果的准确性取决于实际情况能在多大程度上满足这一系列先决条件,而不同的地球化学温标对这一系列条件的敏感性又很不一样。因此,同一个水热区用不同的地球化学温标计算的结果会有相当大的差异。此外,水热系统不同部位的温度可能不一致,所以不同的地球化学温标也有可能反映同一水热系统中不同部位的温度。本书主要列出传统地球化学温标的计算公式(表 5-14)。

表 5-14 传统地球化学温标一览表

类别	名称	研究者	公式
二氧化硅温标	石英	Truesdell,1976	$T = \dfrac{1315}{5.205 - \log m} - 273.15$
	石英	Rimstidt,1977	$T = \left[\left(\dfrac{-1107}{\log m}\right) + 0.0254\right] - 273.15$
	石英	Verma & Santoyo,1997	$T = -44.119 + (0.24469m) + (-1.7414 \times 10^{-4})m^2 + (79.305 \times \log m)$
	玉髓	Fournier,1977	$T = \dfrac{1032}{4.69 - \log m} - 273.15$
阳离子温标	Na-K	Truesdell,1976	$T = \dfrac{856}{\log(\mathrm{Na/K}) + 0.857} - 273.15$
	Na-K	Fournier,1979	$T = \dfrac{1217}{\log(\mathrm{Na/K}) + 1.483} - 273.15$
	Na-K	Arnorsson,1983	$T = \dfrac{933}{\log(\mathrm{Na/K}) + 0.933} - 273.15$
	Na-K	Giggenbach,1988	$T = \dfrac{1390}{\log(\mathrm{Na/K}) + 1.75} - 273.15$
	Na-K	Verma & Santoyo,1997	$T = \dfrac{1289}{\log(\mathrm{Na/K}) + 1.615} - 273.15$
	Na-K-Ca	Fournier & Truesdell,1977	$T = \dfrac{1647}{\log(\mathrm{Na/K}) + \beta\left|\log(\sqrt{\mathrm{Ca}}/\mathrm{Na}) + 2.06\right| + 2.47} - 273.15$
	Na-Li	Kharaka,1982	$T = \dfrac{1590}{\log(\mathrm{Na/Li}) + 0.779} - 273.15$
	Na-Li	Verma & Santoyo,1997	$T = \dfrac{1049}{\log(\mathrm{Na/Li}) + 0.44} - 273.15$
	Mg-Li	Kharaka & Mariner,1989	$T = \dfrac{2200}{\log(\mathrm{Li}/\sqrt{\mathrm{Mg}}) + 5.47} - 273.15$
	K-Mg	Giggenbach,1988	$T = \dfrac{4410}{\log(\mathrm{K}/\sqrt{\mathrm{Mg}}) + 14.00} - 273.15$

注:公式中元素符号代表其自身浓度,浓度单位为 mg/L。

(4) 回采系数（K）。根据《地热资源地质勘查规范》(GB/T 11615—2010)，回收率的大小取决于热储的岩性、孔隙及裂隙发育情况，是否采取回灌措施及回灌井布置是否科学合理等。在进行地热资源评价时，对回收率作如下规定：对大型沉积盆地的新生代砂岩，当孔隙度大于 20% 时，热储回收率定为 0.25；碳酸盐岩裂隙热储回收率定为 0.15；中生代砂岩和花岗岩等火成岩类热储回收率则根据裂隙发育情况定为 0.05～0.1。

(5) 热储层水动力参数。用非稳定流单井抽水试验资料和观测孔的单井抽水试验资料可求取渗透系数、传导系数等。用稳定流抽水试验资料可以求得渗透系数、渗透率、流体传导系数和阻力系数。当热储层可以看作是等厚、均质、各向同性的无限承压含水层，并且初始水头水平（各处压力相同）时，计算公式为：

$$Q = 2.73 \frac{KM \cdot \Delta\rho}{\lg(r_1/r_w)} \tag{5-26}$$

式中，Q 为流量（m³/d）；K 为渗透系数（m/d），M 为热储的厚度（m）；$\Delta\rho$ 为生产井的压力降低幅度（用水柱高度表示，m）；r_1 为观测井和生产井之间的距离（m）；r_2 为生产井出水段的半径（m）。

第五节 岩溶水资源的开发利用

一、概述

水资源是基础性的自然资源和战略性的经济资源，是生态环境的控制性要素，是人类生存的生命线，是可持续发展的重要物质基础。水资源的可持续利用是支撑经济社会发展的战略问题。岩溶水作为水资源的重要组成部分，具有分布广、水质好、供水保证程度高的特点。贵州省岩溶山区面积为 142 207km²，为典型的岩溶山区。贵州省地下水资源量为 259.95 亿 m³，地下水资源量约占地表水资源量（1062 亿 m³）的 24.5%，其中岩溶区水量为 210.65 亿 m³，约占地下水资源总量的 81.0%。贵州省岩溶水资源丰富，但地形地貌复杂，分布不均，工程型缺水状况突出，人均占有量比例相差颇大，特别是干旱年份岩溶山区缺水，制约着农业的发展和人民生活水平的提高。

贵州省 2008 年、2009 年、2010 年大部分地区连续 3 年进入枯水期，出现了有旱情记录以来最严重的干旱情况，造成了全省大部分地区人畜饮水、工农业用水困难。据贵州省抗旱救灾办公室 2010 年 3 月 18 日发布，全省受灾人口 1728 万人，饮水困难人口 557 万人，农作物受灾面积 84.8 万 hm²、经济损失 28.77 亿元。干旱已成为制约当前贵州省社会和经济可持续发展的迫切需解决的问题之一。2011 年贵州省又出现了严重的干旱，造成了全省大部分地区人畜饮水、工农业用水困难。

贵州省矿产资源丰富，煤电工业、磷化工、铝工业得到快速发展。矿产资源的开采对水资源影响很大：一是企业自身生产、生活对水资源的需求量大幅增加；二是开采过程中地下水疏干排放浪费严重，因煤矿开采引起地下水位下降，导致水源枯竭，对群众生活生产造成了严重的影响；三是造成水资源污染，破坏生态环境，引发地质灾害。

如何制订具有一定应用标准和操作简便的岩溶山区找水及开发工程技术措施，加强对矿产资源区地下水资源的有效保护，科学合理地开发利用，提高水资源综合利用效率，已经成为贵州省水资源管理工作中面临的十分迫切的问题。

二、岩溶水资源的开发利用

随着国家西部大开发战略实施，特别是党的十八大以来，贵州经济社会发展取得重大成就，但是贵州的发展仍面临一些突出困难和问题。2022年1月26日，《国务院关于支持贵州在新时代西部大开发上闯新路的意见》（国发〔2022〕2号）文件发布，文件要求贵州在新时代西部大开发上守好发展和生态两条底线，建设生态文明建设先行区，坚持生态优先、绿色发展。这就要求贵州在推动经济社会高质量发展的同时，清醒认识贵州在水资源储量和空间分布上的特点及供需矛盾，为水资源的开发利用提供指导。

第一，贵州省委、省政府高度重视资源利用和保护工作。2016年11月贵州省第十二次人大常委会第十二次会议通过《贵州省水资源保护条例》，对保障水安全，改善水环境，促进生态文明建设，合理水开发利用资源，特别是对地下水的开发利用和保护，提供了法律保障。贵州省历届省委、省政府高度重视地下水资源的开发利用和保护工作，要把开发利用地下水资源作为当前解决贵州省工程性缺水问题的一个重要方面来抓。历年来当地实施的"渴望工程""解困工程"和"十一五"期间实施的农村饮水安全工程、烟水配套工程，需大量开发利用地下水资源（70%以上的水源均采用地下水），对地下水的开发利用是贵州省构建供水保障体系的重要组成部分。这些工程的实施，在贵州省社会主义新农村建设中，对保障农民的身体健康和生命安全，改善农业基础设施，提高农业综合生产能力，发挥或即将发挥积极的作用。

第二，岩溶地下水是水资源的重要组成部分，是支撑经济社会发展的重要自然资源，是维系良好生态环境的要素之一，也是抗旱、抗污染影响的应急重要水源。在国家西部大开发战略中，西部地区地下水资源开发利用是国家基础设施建设的一项主要任务，是贯彻科学发展观、转变发展方式的关键措施之一。贵州省岩溶山区（广大农村地区）为生态脆弱区、重点生态治理区，地处云贵高原向东部低山丘陵过渡的斜坡地带，境内山峦起伏，河谷深切，山高水低，水资源时间上分布不均，丰水期（5—10月）降水量占全年降水量的80%左右，枯水期降水量只有20%左右，这给水资源开发利用带来了很大的困难。严重的是"雨多地漏"的岩溶水文地质条件为造成特有的"岩溶干旱"现象提供了条件，特别在气象干旱年份，使湿润的贵州山区变成了"缺水区"。大部分地区工程性缺水比较严重，工程性缺水、污染性缺水已成为制约贵州省社会经济及生态协调发展的重要问题。

第三，岩溶地下水资源合理有效地开发利用、保护等：一是解决工程性缺水所造成的农村居民饮用水困难，促进贫困地区社会和经济的持续发展；二是治理石漠化，重建水植被生态系统，确保生态环境基础；三是使矿产资源区地下水资源不遭受污染，提出岩溶水资源的保护措施，有利于水功能区管理目标的实现、水环境改善和维系水生态平衡，促进人水和谐及资源与环境的协调发展，符合贵州省战略目标的地方需求。贵州省岩溶山区地下水资源开发利用、保护是贵州省实现社会经济可持续发展的重要支撑。因此，贵州省为实现西部大开发战略目标，遏制和治理石漠化，保护岩溶水不遭受污染，构建"青山绿水"生态屏障，当地社会经济可持续发展，其关键之一是如何科学、合理地开发利用山区岩溶地下水资源。应根据岩溶山区地下水资源组成的水循环（大气降水、地表水和地下水）规律，以及岩溶山区生活用水、生态用水和生产（工农业）用水需要，因地制宜、因水制宜、因需制宜，分别采用类型众多、大小规模不一的地下水开发工程技术,分别引抽浅层地下水资源,拦蓄和围蓄改造表层地下水资源,合理开采深层地下水资源,改变集中拦蓄、集中供水的单一水资源工程措施。研究、示范及推广集中供水、分散拦蓄、分散供水、改造水质、应急供水的工程技术措施,以"多样性"方式解决贵州山区整体上的干旱缺水问题,确保生活、生态、生产用水的需求,以期取得经济、生态和社会的三大效益。矿产资源开发区通过对矿坑涌水水质、水量的研究,解决供排结合问题,提出控制改善地下水污染的防治和治理措施,可提高矿坑涌水利用的效率和效益,使有限的水资源得到合理利用,促进水资源的合理配置。根据水资源量和质的实际,合理调整产业结构和经济布局,促进地方经济与水资源的协调发展,其必要性和重要性主要体现在以下几个方面。

(1)浅层岩溶地下水开发利用可解决岩溶山区(如毕节地区、黔西南等)主要缺水城镇人畜饮水困难、生活用水紧张,以及贵州省支柱产业煤化工、磷化工、铝工业用水不足的问题。

(2)表层岩溶地下水开发利用可解决贵州山区的广大农村居民的饮水(清洁、安全)问题,提高健康生活质量、改善环境。

(3)深层岩溶地下水开发利用(地热水)可发展和带动当地旅游业及特色种植业等,形成新的经济增长点。

(4)控制贵州省矿产资源的开发导致的地下水资源枯竭、岩溶水污染,地质灾害及生态环境恶化等问题,制订矿产资源区地下水资源开发利用及保护管理体制和政策措施。

三、岩溶水资源开发的目的和任务

为从根本上解决缺水问题,保证供水水源,只有因地制宜,进行岩溶地下水的开发利用。想要确保有效地开发利用岩溶水,以及使岩溶水资源不遭受污染当地政府必须制订具有指导性和实用性的贵州岩溶山区找水及开发工程技术措施和贵州矿产资源开发区岩溶水保护、综合利用及管理措施。

(1)相关措施具有在贵州省实施的通用性。

(2)地下水水源地通过调查或勘察是可确定的,能解决枯水期当地群众的饮用水和生活用水,地下水作为饮用水必须是水质安全的。

(3)地下水开发实用技术的论证和设计有指导性和可操作性,包括人造含水层水文地质结构评价和工程设计,拦、蓄、汇、集,提取和改造开发技术的工程设计。

(4)开发利用的工程方案体现出经济性和实用性。

(5)根据典型示范区研究成果,结合省情,提出贵州省矿产资源开发区地下水资源开发利用、节约保护和管理的对策,为今后完善地下水资源管理的相关政策、办法及制订符合区域特色的水资源管理制度体系提供参考依据。

为了实现以上目标和任务,应尽快实施研究项目,指导岩溶地下水开发利用及抗旱工作的长期有效地实行。

第六章　岩溶洞穴及堆积物

第一节　洞穴成因

一、洞穴及溶洞的定义

洞穴是指人能进出的天然地下空间，它可以部分或全部被沉积物、水或冰所充填。由两个或两个以上通道组合起来的洞穴，则称为洞穴系统。

溶洞是岩溶地区地下水沿着岩层的层面和裂隙进行化学溶蚀和机械侵蚀而形成的地下空洞。

二、岩溶洞穴成因的基本动因

岩溶洞穴形成的基本动因有以下4类：溶蚀作用、侵蚀作用、重力作用及混合溶蚀作用。

岩溶洞穴形成的基本动因随着自然地理条件、岩溶类型、地质历史及岩溶发展阶段的变化而转移。在渗流带中一般以溶蚀作用、侵蚀作用和重力作用为主，在浅饱水带中则以水流湍流的机械侵蚀作用为主，在深饱水带中则以溶蚀作用为主，混合溶蚀作用可以存在于各个水动力带内。随着岩溶的不断发展，以及地壳运动的影响，这些不同的地球动力作用可以相互转化、相互迭加。

三、岩溶洞穴的形成条件

控制洞穴通道发育的基本要素有3个：层面、节理与裂隙、断裂带。水流沿层面、节理与裂隙、断裂带渗流而发生溶蚀作用，并使之不断扩大，便形成岩溶通道。

四、影响岩溶洞穴发育的因素

洞穴系统的发育过程及所具有的形态和特征受岩性和地质构造条件、当地的水文网、地形地貌、水动力条件及气候等诸多因素的影响和制约。

第二节　洞穴分类及其特征

洞穴有多种类型，从不同的角度可以有许多分类方案。按其形成的围岩性质分为岩溶洞穴、石膏洞穴、砾岩洞穴、熔岩洞穴、砂岩洞穴、花岗岩洞穴和冰川洞穴等，其中岩溶洞穴占绝大多数；按洞穴与围岩形成的先后可分为原生洞穴和次生洞穴；按照洞穴的成因形态，可分为横向洞穴、竖向洞穴、复合洞穴等；按照洞穴规模可分为单一洞穴和洞穴系统；按照洞穴形成的水动力条件（即成因分类），将洞穴分为渗流带洞穴、地下水位洞穴、潜流带洞穴和深潜流带洞穴，以及一些特殊成因的洞穴。

宏观上，从洞穴形成作用的差异性出发，可将洞穴分为三大成因类型：第一类是雨水型洞穴，由大气降水及其次生渗透水形成；第二类是由地下热水所形成的洞穴，其主要受构造条件控制，与地表岩溶关系不大，且其通道多以立体空间构成迷宫型，在美国、匈牙利等国均有此类洞穴的典型实例；第三类是由不同化学类型水混合溶蚀作用而形成的洞穴。

洞穴分类依据较多，分类依据不同则分出类型有别。下面分别以横、纵断面形态及水动力条件对洞穴进行介绍。

一、按纵断面形态分类

根据岩溶通道的倾斜情况，通常可将岩溶通道分为3种：垂直岩溶通道、倾斜岩溶通道及水平岩溶通道。

1. 垂直岩溶通道

此类通道主要是顺着近于垂直的层面、节理与裂隙及断裂带而发育的。水流沿着这些近于垂直的面，在重力作用下下渗、冲刷，发育的近垂直的岩溶通道多为溶蚀竖井，其深度受入渗口地面高程与岩溶通道水所排泄的当地河谷的深度制约。

垂直岩溶通道的发育深度多在几十米至几百米，如法国一个叫做Pierre St. Martin的垂直洞穴深度达330m。经探测，我国垂直洞穴通道的深度也多为300多米。但是，重庆奉节地区的天坑，深度可达650m，它是继承发育的，上面是早期谷地，谷地深度近300m。

2. 倾斜岩溶通道

此类通道也主要是受裂隙、层面与断层的倾角所控制。倾斜岩溶通道和近垂直岩溶通道的累加深度体现了洞穴系统发育的深度。法国Pierre St. Martin洞穴的发育深度达1152m，Berger洞穴深1135m，我国高山地区的洞穴系统发育的深度也在1000m以上。

3. 水平岩溶通道

此类通道除了受层面、节理与裂隙及断裂带控制之外，还受当地河水水面所控制，致使洞穴通道中汇聚的水向河流排泄，发育近水平洞穴通道。

二、按横断面形态分类

洞穴通道横断面的形态是多种多样的。在洞穴发育过程中，由于地质结构及水流特性的变化，不同地段洞穴通道横断面的形态也不断地产生变化。常见的横断面形态如图6-1所示。

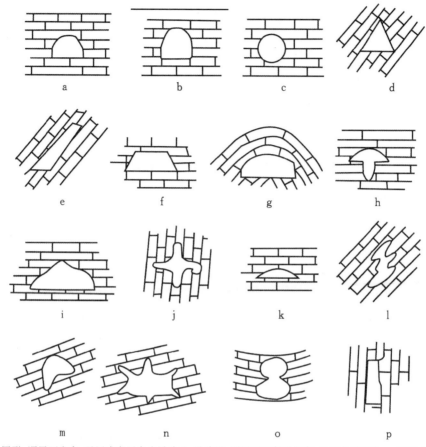

a.半圆形,顺层面发育,无压或有压水流活动;b.马蹄形,顺层面及断裂发育,无压水流活动;c.圆形,顺层面及裂隙发育,有压水流活动;d.三角形,顺两组裂隙或断裂发育,无压水流活动;e.斜条形,顺层面及构造裂隙发育,无压水流活动;f.梯形,顺层面及裂隙发育,无压水流活动;g.多边形,顺褶皱裂隙发育,无压或有压水流活动;h.蘑菇形,顺层面及裂隙发育,无压或有压水流活动;i.穹隆形,顺层面及裂隙发育,无压或有压水流活动;j.十字形,顺两组节理或断裂发育,无压或有压水流活动;k.半月形,顺层面或断层发育,有压水流活动;l.多字形,顺层面及裂隙发育,无压或有压水流活动;m.半蘑菇形,顺层面及裂隙发育,无压或有压水流活动;n.螃蟹形,顺层面及多组裂隙发育,无压水流活动;o.葫芦形,顺层面及裂隙发育,有压水流活动;p.长条形,顺层面及裂隙发育,无压水流活动。

图 6-1 常见洞穴通道横断面发育受构造控制分析图

三、按水动力带分类

1. 渗流带洞穴

渗流带洞穴指地下水面以上岩溶水受重力作用向下流动过程中溶蚀碳酸盐类岩体形成的洞穴。渗流带内洞穴的形成作用受渗流水、潜水及凝聚水的共同影响。

渗流带洞穴的厚度取决于渗流带的厚度,后者的厚度则取决于该地区地质构造、地形和气候特征。在切割微弱的平原地区,渗流带的厚度通常不超过 100m;在山区,渗流带的厚度可达几百米。

根据位置和形成机理,渗流带洞穴可以分为两种。

1)渗流带上部洞穴

渗流带上部以溶蚀作用为主要作用,由薄膜水和毛细管水进行。此部位洞穴一般形体较小,多呈垂直管道状,在局部层面附近可以形成近于水平或倾斜的袋状洞穴,它们的外形取决于小型构造和岩性。在交叉节理发育的地区,多发育地下竖井。

2)渗流带底部洞穴

渗流带底部洞穴多数由地下河塑造。地下水向邻近河谷排泄,因而它的分布高程受到邻近河谷高程的控制。邻近河谷的高程受地形和新构造运动的控制。

2. 浅饱水带洞穴

浅饱水带洞穴指发育在浅饱水带(潜水面附近)的洞穴。这类洞穴在形态上和管道的局部发展上,常常受节理和层面的控制;在整体上,洞穴系统常常被限制在一个或几个与潜水面相当的高程上。潜水面附近的洞穴相当集中而又呈水平展布,彼此连接成管道系统。

潜水面以上饱和的渗透水与潜水面相接触后,由温度和混合作用可引起渗透水不饱和。如图6-2所示,其阴影范围就是由温度和混合作用形成渗透水不饱和而加强溶蚀的地方。浅饱水带上部的水流接近于垂直流动,在接近潜水面下的地方比其他地点更容易发育成洞穴。

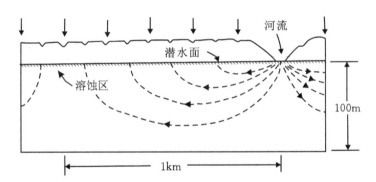

图 6-2　灰岩含水层潜水面附近溶蚀带示意图(据任美锷,1983)

浅饱水带洞穴具有下列形态特征:①在水平洞穴系统内,水平廊道可切过倾斜地层和构造;②在水平廊道之间有垂直通道,但它与渗流带内的垂直通道不同,它位于潜水面以下的虹吸带内,管道的坡降一般较小,由下而上向河谷排泄基准面倾斜,并与水平廊道相通;③洞顶和洞底较为规则,洞穴的底板是平坦的,是地下水沿构造破碎带或基岩底面溶蚀而成;④洞穴层大多是独立的,只有少数连通,洞穴层的高度不大;⑤水平洞穴层的坡度较小,与地表河的坡降近似;⑥有一定粗大的机械搬运物质堆积,化学沉积物比较少。

3. 深饱水带(深潜水带)洞穴

深饱水带洞穴的发育可以受邻近河谷排泄基面的控制,也可以不受邻近河谷排泄基面的控制。

深饱水带洞穴的主要成因:①混合溶蚀作用;②硫化矿床中硫化物氧化形成硫酸的溶蚀

作用;③地热梯度导致地下水垂直对流,并产生混合溶蚀作用;④来自深部岩溶活动的CO_2,即热液的作用;⑤强有力的嫌气细菌作用;⑥构造断裂的导水作用。

4. 承压水形成的洞穴

在现代侵蚀基准面以下存在有承压水流,在承压作用下承压含水层中水发生缓慢运动,这些缓慢运动的水流溶蚀灰岩而形成洞穴。如贵州平坝羊昌河向斜中心由三叠系飞仙关组灰岩组成,在地面以下881m处尚有0.27m的溶洞,并有承压水涌入水井,水量每昼夜达207m^3。广西来宾合山煤田在二叠系灰岩的现代河流两岸的溶洞较少,溶洞多集中在向斜轴部深度约700m处,洞内还普遍发现砾石、沙和亚黏土堆积,并形成交错层理。

在承压条件下,溶蚀作用可能是由流体动力学的压力和流体静力学的压力作用形成的;此外,水在自流或承压流条件下在灰岩中流动,这种流动可以通过灰岩上、下不透水层的压迫作用也有可能产生溶蚀作用。这种"上层滞留水位"在节理和层理非常密集或某些层理特别有利于溶蚀的地方发育自流水的管道,这种管道彼此之间很容易相互沟通,一般都缺少沉积物。

第三节 洞穴的发育阶段

岩溶洞穴的发育演化一般可划分为3个阶段:形成阶段、发展阶段、衰亡阶段。

一、形成阶段

只要满足岩溶洞穴发育的4个基本条件,即可开始形成洞穴。在洞穴形成的初期阶段,洞穴空间规模一般较小,多呈孔隙状,人无法进入。

二、发展阶段

随着参与洞穴发育的水流流量、流速的增加,洞穴空间逐渐扩大,发展成为人能进入的、具有一定规模的通道系统。

三、衰亡阶段

由于地壳抬升,洞穴逐渐脱离地下水位进入包气带,失去了进一步发展的动力条件。崩塌现象显著,石钟乳类次生化学沉积大量发育,洞穴空间逐步壅塞减小。

第四节 洞穴堆积物类型

在灰岩地区岩溶发育过程中,一方面形成了各种形态和不同规模的岩溶洞穴及裂隙,另一方面在这些洞穴和裂隙中还进行堆积,形成各种类型的洞穴堆积物。这种堆积物主要由化学沉积的石灰华和各种来源的碎屑物质组成。

洞穴的化学沉积主要由碳酸钙结晶而成,其堆积体在洞穴中千姿百态,可以交织成绮丽的洞穴风光,成为游览的佳景。碎屑物质则可以从细的黏土到粗大的角砾岩块,并同化学沉积夹杂在一起,常常阻塞着洞穴或裂隙的通道,或将洞穴填埋起来。但是,在世界许多地方发现,这类洞穴堆积物中含有古人类化石和各种史前文化遗物,这说明岩溶洞穴曾经是远古人类居住的地方,最终成为研究人类起源和发展的极为重要的遗址。如我国著名的北京猿人洞就埋藏了丰富的北京人化石和上万件石器工具,并具有确凿而充分的用火遗迹,是世界罕见的古人类文化遗址。在欧洲一些洞穴中,洞壁上还发现许多旧石器时代晚期的史前绘画艺术等。

有的洞穴或裂隙沉积可以形成有价值的沉积矿床,如云南一些洞穴和溶蚀洼地中发育有风化镍矿,广西有砂锡矿,江苏徐州有磷酸盐矿,在山东某些灰岩洞穴和裂隙内充填有品位十分高的金刚石古砂矿等。因此,具有碎屑物质的洞穴堆积比复杂的洞穴化学沉积物在生产实践上更有意义。不仅如此,这类洞穴堆积在长期发展过程中,因为可以含有丰富的生物化石和孢子花粉等,能够记录一些重要的地质事件(同洞穴本身的演变有直接联系),所以可以成为区域第四纪地质研究的重要或标准的地层剖面,对于第四系地层的划分和对比,研究古气候和地壳新构造运动等均有重要意义。

洞穴堆积物按其成因和物质来源可分为:①各种环境下化学沉淀或结晶的碳酸盐物质;②洞穴发展过程中洞顶和洞壁物理风化崩解而产生的灰岩角砾;③附近地面流水进洞冲刷的碎屑物质;④古代人类活动堆积的灰烬层、烧石、烧骨,人化石和石器等文化遗物;⑤生物化石及某些动物的粪化石;⑥洞外河流搬运物质进入洞穴沉积,或受海水侵入影响的沉积层。下面以前3种为例进行介绍。

一、碳酸盐类化学沉积

这类沉积在各种类型的岩溶洞穴和裂隙中都能见到,可以说是洞穴沉积中最为普遍的一种堆积物。其沉积虽然受气候带的影响,但是从极地寒冷地区到赤道湿热的雨林地区,从荒漠到湿润地区,在洞穴的顶底或洞壁上都可以发生这类沉积,只是其规模和形态差别比较大。一般来说,在高纬度极地区或干旱地带,碳酸盐类化学沉积不多,规模小,甚至比较缺乏独立的形态,而只作为胶结物的形式出现在洞穴堆积地层里;在热带和亚热带湿热环境下,碳酸盐类化学沉积规模宏大,姿态多变,琳琅满目,加之受到所含杂质的影响而有不同颜色,在灯光配置的照射下,各种形态的石灰华晶莹闪耀,犹如地下的"水晶宫"。

洞穴内的化学沉积包括方解石、文石和石膏沉积等。其中主要的是方解石沉积,方解石沉积的物质来源是含有碳酸和其他酸类的水,流经灰岩裂隙时,溶解得到大量的碳酸氢钙,成为饱和溶液进入洞内,由于洞内气温和气压条件的改变,溶液中的 CO_2 蒸发失散,便发生碳酸钙结晶的沉积。这种沉积因未成岩,统称为石灰华沉积,沉积过程可用图 6-3 来表示。

石灰华是岩溶作用所生成的碳酸钙化学沉积的统称,尽管其形态千变万化,但沉积的机制基本上是类似的,在洞穴内的分布有一定的规律。石灰华按沉积部位可划分为 4 种类型:①垂直悬挂型;②洞壁型;③洞底型;④水洼型。其中前 3 种属于薄膜水或水滴环境下沉积,水洼型是在一定水体环境中沉积的。

1)石钟乳(Stalactite)

石钟乳是由洞顶向下发展的碳酸钙沉积。当水流渗进洞穴,在洞顶成悬挂的水珠时,因蒸发散失 CO_2,碳酸钙便开始沉积。随着地下水流逐步渗入,已沉积的碳酸钙小突起往下加长而成为棒状,表面可因薄层水的流动、蒸发、沉积而加粗,经长时间发展即成为石钟乳

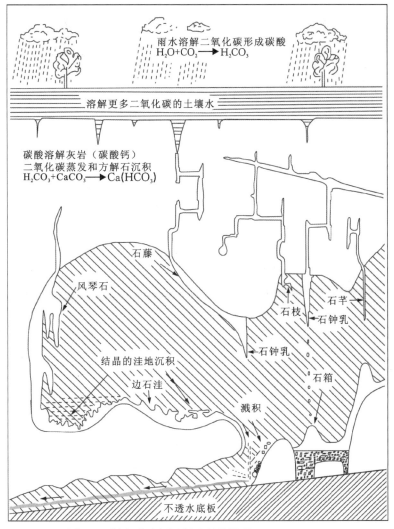

图 6-3　洞穴碳酸钙沉积过程及类型（据任美锷，1983）

（图 6-4）。石钟乳持续发育，向下可以延长到洞底，或与洞底向上生长的石笋相接形成石柱。

石钟乳的横切面呈同心圆形，方解石晶体围绕着中心成放射状整齐地排列着。石钟乳在发育过程中，由于表面附加沉积而可以发生分支，使其具有不规则形状，尤其在沉积速率加快时，某一段可以变得相当粗大。石钟乳的同心状成层结构，有时呈现出一层晶体透明而洁白，一层晶体呈浅黄色或比较浑浊，这些反映了季节降水量不同和混杂不溶解物质（R_2O_3 和泥质）数量不等的影响。石钟乳的生长示意图见图 6-5。

2）石枝（Helictite）

石枝是洞穴顶板从水珠开始的碳酸钙沉积。当沉积速率超过生长点水珠的下滴，发育的棒状石钟乳中心可以是空的，从而成为石管（Straw），并且生长的方向可以改变，出现不规则的分枝，有的向上弯曲，称为卷曲石（图 6-6）。关于石枝的成因，有人认为是因为水珠形成缓慢，一时不能滴出，加上毛细管作用，碳酸钙在薄膜水中进行结晶沉积，所以重力对于石枝的生长方向和位置不起作用，以致发生分叉且向上弯曲。石管的生长示意图见图 6-7。

图 6-4 石钟乳

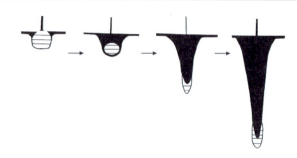

图 6-5 石钟乳的生长示意图

图 6-6 卷曲石

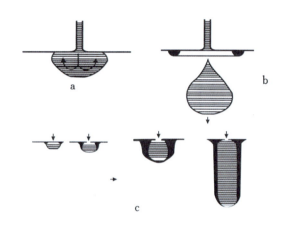

a.水滴下垂,体积增大;b.水滴表面因 CO_2 蒸发散失而沉积,水滴下后留下空心;c.连续发展形成空心石管

图 6-7 石管的生长示意图

3) 石幔 (Curtain)

石幔(或称石帘、石帐幕)是一种洞壁沉积,即当饱含碳酸钙的水流不从洞顶或洞壁以水珠形式下滴时,保持呈薄膜状水流沿着洞壁或者洞顶裂缝缓慢地流出,便结晶出连续成片的沉积,晶体平行生长,不断地加宽和增长,从而成为布幔或舞台帷幕形状。因此石幔的分布往往与灰岩层的节理方向一致,并紧依洞壁或岩溶裂隙壁。有的地方可以与几处水珠滴流而成的石钟乳联合起来,形成风琴石(Organ pipes),故石幔也可以是洞顶悬挂型的化学沉积(图6-8)。

4) 石笋 (Stalagmite)

饱和碳酸钙的水流不断地滴落到洞穴底部,迅速地铺开,蒸发溢出 CO_2 进行碳酸钙沉积,可形成盘状的石饼(Disc of calcium carbonate),成层地累叠起来,以饼的中心部位最厚。如果滴流连续地以适当速率落在同一地点,这种沉积逐渐向上发展,成为锥状或柱形,即形成石笋(图6-9)。石笋的结构与石钟乳相同,但生长方向相反。石笋核心部位多是连续的结晶体,周围是放射状排列的晶体,构成同心层。取这类钙质化学沉积内部不受后期流水浸染的样品可以进行铀系法测年。在北京周口店新洞所测得石笋的年龄距今已有6.8万～7.5万年,且该石笋尚在发育过程中,因为水珠滴落速率的变化,即供应碳酸钙沉积物数量的增减,致使形状发生变化,如石笋的直径变粗或变细,有的可在顶部形成帽状,或者水流从侧面向下移动,形成瀑布状的石灰华层或石帘等。

图 6-8　石幔

图 6-9　石笋

5) 石珊瑚(Cave coral)

在洞穴中,饱和碳酸钙的水流跌落下来,水花飞溅,这种飞溅的小水珠可以贴附到洞壁或任何已形成的石笋和石帘等石灰华及碎屑物质的沉积面上进行结晶沉积,或者在石笋被地下水淹没再露出后,石笋表面渗出水进行结晶,形成不规则形态,状如珊瑚(图 6-10)、葡萄或菜花等,因此被称为石珊瑚、石葡萄(Spherical)和石花(Cave flowers)。

6) 石珍珠(Cave pearls)

石珍珠为在洞穴底部的小水洼或滴水坑里形成的许多小的碳酸钙球珠(图 6-11),其核心通常为岩屑碎片、沙或黏土粒,外面包以碳酸钙壳,并且有同心状构造。这种沉积是在洞底洼地有周期性积水和变干条件下发生的,但为使球粒表面较均匀地沉积碳酸钙层,形成珠状,要求有一定的动力使沉积体不断地滚动或至少是发生扰动,才能在其周围沉积碳酸钙层。有的石珍珠直径比较大,可称为石球。但这样大的个体要使其经常地发生扰动,均匀地沉积是不容易的,所以石珍珠的形成机制还需要进一步研究。

图 6-10　石珊瑚

图 6-11　石珍珠

7) 边石（Rimstone）

碳酸钙饱和的地下水流进入洞底后，由于底部不平，常形成一些水洼，在水流向低处流动的过程中因 CO_2 散溢也会发生碳酸钙化学沉积，但均以细流的边缘或水洼周边沉积得快，有的形成小的网结状脊，称为边石，有的在洞穴内成群分布，层叠起来犹如缩小了的微型梯田，在一些游览洞穴把它称为石田。边石按所处的部位和形态可以分为两种：一种形成于小水潭边缘的洞壁上，成为堤状边石（图6-12a），也可见于流动缓慢的暗河边缘；另一种形成于洞底缓坡（倾角一般小于5°）的地方，经常有薄层水漫流，当滴水多时，水沿石笋周边漫流，因地面不平或滴水本身的间断性下滴，使漫流水层激起小的水波，碳酸钙在凸起处或水波波峰位置发生化学沉积，久而久之便形成田埂一样的小边石（图6-12b）。

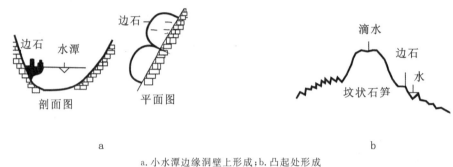

a.小水潭边缘洞壁上形成；b.凸起处形成

图6-12　边石形成示意图

8) 石灰华层

在洞穴堆积中往往具有比较坚硬的钙质层，分布于洞底，或夹在其他类型的碎屑沉积层中，考古工作者称之为钙板（即石灰华层）。这是地下水流渗入洞内，沿着洞穴或岩溶裂隙壁呈薄层状流动时的结晶沉积。石灰华层的形成有两种形式：一种是在洞穴低洼处浅水潭沉积的碳酸钙，结晶较好且整齐，类似于在溶液中的结晶沉积，有较规则的斜方晶形，在沉积到水面以上时还可以出现晶丛，转变成单斜晶形的沉积。若环境变化（如水位升降或沉积间断）后再被水淹没而发生沉积，结晶形态及层次则均有变化。另一种是薄层水缓慢流动，沿着洞壁沉积出层状的碳酸钙，贴附于洞壁，而当薄层水流到洞底时便形成钙板层，铺覆在洞底或碎屑沉积层上，也有些只在局部形成透镜式的钙质层。这种沉积多夹杂黏土等细粒碎屑物质（图6-13），并可细分出更薄的层次。若地下水流进入洞穴并下渗到已沉积的碎屑物质组成的地层中，则往往成为胶结物，将角砾等碎屑沉积物胶结起来。对于这类钙质层也可以进行同位素测年。

二、洞穴角砾堆积

这类堆积几乎全是灰岩角砾，是一种就地的物理风化堆积物，没有分选和磨损，角砾形状不规则且具有尖棱。角砾大小决定于洞壁和洞顶灰岩层的构造、岩性及产生角砾的崩解方式。角砾直径可从几厘米到数米，甚至为10～20m的大岩块，常夹杂溶蚀残余的细粒黏土物质，但数量不多。洞穴角砾堆积在北方半干旱、半湿润及寒冷干燥气候区比较发育；南方湿润地区岩溶洞穴的堆积数量比较少，并以细粒黏土、粉砂及小的岩屑碎块居多。洞穴堆积的角砾形状不规则，体积差别很大（图 6-14）。根据灰岩角砾与灰岩层的关系，可将角砾分为三类：①岩块（Block），每个角砾块包括两个以上单层灰岩；②岩板（Slab），角砾由一个单层灰岩崩落；③岩屑（Chip），由灰岩破碎成的角砾，无单层层面。这种划分也是相对的，它受到灰岩层构造的影响，如薄层灰岩容易形成岩块和岩板，而块状灰岩则易形成岩屑角砾。

图 6-13　钙板与黏土沉积互层

图 6-14　洞穴堆积的角砾

洞穴角砾层堆积的时代主要靠层内所含哺乳类化石、石器和古人类化石确定，如果夹有灰烬层可以用热发光法和裂变径迹法测年。值得注意的是，据斑鹿骨化石 ^{14}C 测年北京周口店晚更新世山顶洞的角砾层距今 18 340±410 年，但山顶洞人遗址下室的细颗粒堆积物中的石英颗粒热发光测年结果为 3.0 万～4.9 万年。

三、洞穴流水堆积

这类洞穴堆积物质大部分来源于洞外，但有些也可以产自洞穴系统内，主要为砂、砾石和细粒黏土等。按成因洞穴流水堆积可分为以下两种。

1. 地下河沉积

岩溶区的地下暗河水系比较复杂，长度虽然不比地面河网长，但搬运的物质也进行磨蚀，使砾石滚圆。实际上，地下河中非灰岩性的砾石也多来源于地面河流，因此磨圆度更佳。灰岩砾石硬度虽然比石英岩砾石硬度低，但磨圆度却不一定高，这是因为灰岩砾石来源近，是内生的，在地下河搬运过程中多从角砾开始磨损。此外，由于地下暗河在穿流过程中多转折，经过竖井和地下水潭，可以使灰岩角砾岩屑在这种部位反复地冲磨，形成很高的磨圆度，有些可以达到像海滨砾石那样的扁圆形态。地下河的沉积除砾石外，还有砂、粉砂和黏土（图 6-15），可以进一步地细分出河床相和漫滩相，其特点有些类似于一般的地面河流沉积。地下河发育曲流并形成富含沉积物的斜层理，但地下河基岩河床起伏不平，更多地是形成一些因局部地形变化而产生的斜层理。

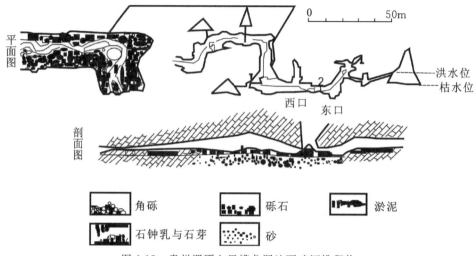

图 6-15 贵州湄潭七里槽龙洞地下暗河堆积物

2. 洞外流水进洞沉积

这种沉积包括地面河流直接泛滥进洞的堆积和少数沿海地区的洞穴在第四纪高海面时期受到海水的浸没而形成的海相沉积,以及洞穴上部坡面流水将地面风化的粗细碎屑物质携带到洞内的沉积,或者地面含沙量高的水流沿岩溶裂隙缓慢地渗入所形成的沉积。一般以粉细砂和黏土为主,含少量砾石,灰岩角砾夹杂其间。

1)洞外河流进洞沉积

这类沉积有两种情况:一种是沿河两岸洞穴有洞口通向河滩,洞穴比较深,多为垂直型溶洞,洞底高程在河床水面以下,当洞外河流水位高涨时,一部分泥沙和砾石可以随洪水溢进到洞里进行沉积。另一种是古代河流在地面上流动时,地面下已发育洞穴,但洞的位置低于河床,可能成为地下水潭,由于洞穴与地面有通道相连,河流搬运泥沙可以泻入洞内沉积。沉积的物质主要是粉—细砂和少量小砾石,以及黏土球和部分黏土层,具有分选层理,局部夹薄的斜层理。整个沉积层多具有明显的倾斜产状,特别在沿灰岩层面溶蚀的洞穴里,洞底坡度往往与灰岩层倾斜一致,填积的沙层沿此类洞底也发生倾斜。这种倾斜产状随沉积层向上发展,洞底被填平,倾斜角度也逐渐变缓。因此这种沉积类型的洞穴沙层所发生的倾斜多由洞底向上,由洞壁向中央逐步地趋向平缓。

2)洞外海水进洞沉积

洞穴中海相沉积极为稀少,仅滨海地区少数灰岩溶洞在间冰期高海面时期受到海水入侵。如法国南部和意大利地中海沿岸都曾发现这种沉积类型。

3)坡面流水进洞沉积

当洞穴附近山坡有裂隙通道与地下洞穴相通或洞顶开口时,坡面上风化的残坡积物质及古堆积体均可被片流冲携到洞穴里堆积起来。这种沉积以细粒黏土和泥沙为主,夹少量粗碎屑,有的是早期古地面上砾石层被破坏而沉积到洞穴的。堆积物质一般比较杂乱,或分选不好,或仅局部具有薄的层理。这是因为坡面流水汇入洞穴时,携带的物质几乎都以重力堆积的方式泻到洞底,但同时也有短时间积水,使细粒泥沙发生一定的分选,形成局部层理。有些地面风化黏土等细粒物质进入洞穴充填在灰岩角砾之间。

有些地区在一定条件下的坡面流水进洞沉积表现为另一种特点,即洞穴完全被细砂、粉砂和黏土层填满,沉积层具有微细层理,但层理形态既有平的,又有因为洞内微形态变化而发生弯曲的,甚至披挂在洞壁的突起上。在一个山坡上分布的高度可相差数米或百米以上,堆积的体积直径从数十厘米到数米不等。这类堆积是地面风化物质经过细长而多曲折的裂隙通道进行沉积的。因此这种洞穴沉积深藏于山体内,只在开采灰岩过程中才被揭露出来。由于坡面流水进沉积物源来自附近的地面风化层,因此洞内堆积层细粒物质的黏土成分可与洞外的进行对比,一定程度上能够反映堆积时期洞外的气候环境和土壤类型,其孢粉组合则能反映当时的植被。不仅如此,有时可能地面植被发生过天然林火或经古人类活动而燃烧过,导致在洞穴堆积的细粒物质中有星散的炭屑,细心收集可供 ^{14}C 测年。如在江苏省溧水区回峰山神仙洞堆积层中,上部厚达 3 余米的亚黏土层含有炭屑,发掘时加以收集,测得 ^{14}C 年龄为距今 11 400±1000 年。

4) 溶蚀残余物质堆积

在溶蚀过程中,含白云质和硅质的灰岩的钙质溶于水被带走,而白云质类物质(或 SiO_2 与一些倍半氧化物及泥质等)可呈粉状留在原处或堆积于洞底,并与钙质胶结起来形成溶蚀残余物质堆积。在贵州等地的洞穴里即可见到这种沉积,为棕黄色或灰黄色粉沙状的堆积层,厚度数十厘米至 1m,也可以被搬运而与其他来源的沉积混杂在一起。

5) 灰烬层和生物化石堆积

古人类居住过的洞穴堆积层中,常夹有人类生活烧过的灰烬层。这种灰烬层既有未经充分燃烧的灰黑色,又有燃烧而成的砖红色,以及受其他因素影响而产生的灰色、黄色和棕褐色等各种颜色,形成彩色条带,质地比较松软,有烧过的骨头、石头、植物种子和土层,它们是古人类用火和保持火种的有力证据。在北京周口店龙骨山的一些洞穴堆积中灰烬层十分突出。

根据镜下切片观察,灰烬层的各种颜色可能是燃烧程度不同的有机物,有的与粉砂层相间成层,具有半风化石英粒;有的各种颜色呈交织的网状分布,与粉砂粒呈基底式胶结,偶尔还夹有斑状红棕色黏土,一般均具有层次。这种沉积表明,灰烬与洞外坡面来的风化物质夹在一起,在堆积时经过一定的混合和分选。由于灰烬层中的矿物经火烧后发生退火,因此可以选取适合的矿物通过热发光和裂变径迹法测量年代。如在北京周口店猿人洞穴曾选取榍石作径迹测年,得出下部第 10 层灰烬层的年代距今(46.2±4.5)万年。

古人类的活动,导致洞穴堆积中会含有人化石及其文化遗物。以周口店北京猿人洞穴来说,迄今已发现的人化石骨骼和牙化石至少代表 40 人的个体,发现的石器及加工制作石器的原料和加工后的碎片超过 1 万件。同时古人类生活时期狩猎了大量的动物,采集植物果实,因而也留下了生物化石。据鉴定,北京猿人曾以象、犀牛、鹿、野猪、鬣狗和水牛等为狩猎对象,并采集过朴树籽。其中仅肿骨鹿和葛氏斑鹿,按上下颌骨和零星牙齿计算,就有数千具之多,中国鬣狗和李氏野猪也达 1 千具以上。所以洞穴堆积往往是发掘与研究史前文化,依据动物化石确定地层时代,以及研究第四纪哺乳动物群的重要地点。

在中国南方的一些洞穴沉积中,除发现巨猿、南方古猿及古人类化石和大量哺乳类化石外,还发现了蝙蝠粪堆积(俗称夜光砂)。蝙蝠粪堆积为棕褐色或灰褐色,厚的可发亮,是一种很好的肥料。

第五节 洞穴堆积物对古环境的反映

一、岩溶本身是古气候的一个标志

第四纪地质历史的一个重要特点是气候发生过多次大幅度波动,出现了冰期和间冰期,或干期(间雨期)和湿期(雨期),并且在不同气候带及不同的自然地带区具有不同的特点。这种古气候上的波动已经在大陆和海洋沉积地层的研究中得到了证明,成为第四纪古环境变化的一个主导因素,因此也必然地影响到岩溶的发育和洞穴的堆积。实际上,由于化学溶蚀是岩溶地貌发育的主要特征,与自然条件有着密切的联系,因此岩溶地貌本身也是古气候的标志之一。在大范围内,不同气候带所发育的岩溶地貌差别明显,可以分出不同的气候类型。一般来说,岩溶地貌的充分发育以温暖湿润的气候环境最适宜,并且需要一定的地质条件和充裕的时间。例如,我国南方广西、贵州和云南等地的许多峰林地形,曾是热带气候条件下长期岩溶化形成的,它们的存在说明这类地区长期地保持着热带和亚热带环境,受第四纪气候冷暖波动的影响不及北方,因而相当有利于热带岩溶地貌的发展。在温带地区的一些古地面上可以看到至少是在亚热带环境下发育的溶丘和洼地,并且在不同时期其岩溶化的强度有明显变化。

在发育山岳冰川的灰岩山地,有的地方可以因为冰川舌阻塞谷地抬高地下水位,发生溶蚀,形成新的通道,使地下河道路改向或发生袭夺,或者使洞穴中早先发育的石笋受到溶蚀(图 6-16),在冰川消融后又形成新的石钟乳。再溶蚀的石笋表面斑粒不平,具有溶蚀凹坑,新形成的石钟乳则比较光滑而新鲜。同时在冰期中因冰川舌阻塞地下水位抬高,洞内水力坡降减小,流动缓慢,还可以沉积具有微层理的黏土层。

图 6-16 再溶蚀的石笋

二、洞穴堆积所记录的古气候曲线

由于古气候的变化,特别是受到冰期气候的影响发生冰缘环境的冻裂风化地区,灰岩山地中接近地面或者开口的洞穴,或靠近洞口位置,当岩性和构造条件适宜,便可以发生冻裂崩落,在洞穴堆积中形成比较集中的灰岩角砾或角砾层。在气候转暖时期,植被繁茂,坡面稳定,溶蚀活跃,洞穴堆积则主要发育石灰华层或形成比较细粒的碎屑沉积,或者发生冲刷和进行风化淋溶。这些作用在洞穴堆积层中重复出现,在一定程度上代表了古气候的波动。例如,在法国南部靠地中海沿岸,根据洞穴堆积层的划分,从沉积物岩性、黏土矿物成分、动物化石和孢粉,以及与洞外阶地的对比和海相沉积层的分布等,描绘了第四纪古气候的波动曲线。

对洞穴气候地层的划分和对比虽然仍然局限于阿尔卑斯的经典冰期模式,但是从洞穴地层中所得到的古气候变化来说,还是比较多的。例如,第四纪比较早期的洞穴和岩层堆积较少(因为保存不多),大部分属于温暖气候下的沉积。中更新世早期(民德冰期和民德—里斯间冰期),距今64万～34万年(布容正极世的前半期),洞穴堆积保存得不多,且不完全,但至少有3个寒冷而较干燥气候下的沉积,相当于3个冰川作用阶段或副冰期,其间为较温和的环境,而末期的间冰期气候温暖,洞穴内的堆积往往有明显的风化。中更新世晚期(里斯冰期和里斯—玉木间冰期),距今30万～12万年,洞穴堆积十分普遍,有3层角砾岩屑,相当于冰期的3个阶段,其间为风化层隔开而间冰期气候温暖,发育棕红色风化土层,但不及30万年前那个间冰期风化得深。晚更新世玉木冰期Ⅰ,距今8万～6万年,气候湿冷,后期比较严寒,表示玉木冰期开始袭来;玉木冰期Ⅰ、Ⅱ之间这一阶段,距今6万～5.5万年,气候温和,形成风化层或石灰华板,后期更湿润,发生了冲刷;玉木冰期Ⅱ,距今5.5万～3.6万年,气候十分寒冷,可细分为5个寒冷期;玉木冰期Ⅱ～Ⅲ间阶段,距今3.6万～2.8万年,气候温和,普遍发育石灰华层,或有氧化锰膜;玉木冰期Ⅲ,距今2.8万～1.7万年,开始气候较湿润,沉积黏土沙,后期干冷,以冻裂的角砾岩屑堆积为主;玉木冰期Ⅲ～Ⅳ间阶段,距今1.7万～1.5万年,气候温和,洞穴堆积的表面盖以薄层石灰华;玉木冰期Ⅳ,距今1.5万～1.0万年,以冻裂的角砾岩屑为主。

三、中国洞穴沉积所反映的古气候变化

我国从20世纪20年代起就在北京猿人化石产地对岩溶洞穴的堆积物进行系统发掘,之后又在南方许多山洞进行调查和发掘,研究的重点虽然主要是在古人类学和第四纪哺乳动物化石上,但是也从不同的角度讨论了洞穴沉积时期的古地理环境。例如,对北京猿人遗址40余米厚的洞穴沉积层进行系统采样,根据孢粉组合的研究,表明在北京猿人生活时期,北京地区的古气候曾有过明显的变化;对广西等地洞穴发展的成层性及洞内石灰华层的沉积,也曾考虑它们可能同雨期和间雨期的气候变迁有联系;在江西省乐平和万年县的许多灰岩洞穴中,绝大多数都有灰岩角砾堆积,不受洞穴高程的限制,这种沉积可能也与气候变化有关系,而不能用构造(地震)来解释。总的说来,对于我国的岩溶洞穴堆积地层应用综合方法分析其沉积时期的古气候环境的研究还不多,只有对北京猿人洞穴堆积地层,古生物学者和地质、地貌及土壤学者从不同的角度进行过比较多的探讨,并且还存在着不相同的见解,其他地点的研究或报道则比较零星。我国幅员辽阔,南北方向的气候带从热带到寒温带,东西方向上从中亚的干旱荒漠到东部的湿润季风气候,自然环境极为复杂,第四纪气候波动的幅度和影响程度在不同地区是有差别的。以岩溶洞穴堆积中经常见到的灰岩角砾来说,华南与华北的洞穴差别就很大。在华南的灰岩山洞中含灰岩角砾一般比较少,角砾层远不及华北洞穴地层发育,这在一定程度上反映了气候环境的差异。根据孢粉资料,在华北和长江下游地区,在距今1万～3万年的晚更新世沉积层里都曾分析到代表寒冷气候的以冷杉为主的针叶林植被。这些植被分布范围很广,从山地一直到山麓和平原。在浙江省南部百山祖海拔超过1700m的山地上发现6株现生冷杉,广西北部融安的元宝山在海拔2000m左右尚有小片冷杉林生长,它们可能是冰期寒冷气候影响之后的幸存者。这种气候变化有可能反映到岩溶洞穴的堆积上,因此对第四纪气候波动在洞穴堆积地层上的反映值得研究。下面拟就我国某些洞穴堆积,特

别是周口店地区的洞穴堆积所反映的古气候变化作一初步分析。

在北京周口店附近,第 14 地点(图 6-17)的洞穴堆积为细粉砂层,厚度超过 10m,与其时代上相当的上砾石层厚度为 12.9m,它们都分布在海拔 150m 左右的古地面上,为上新世沉积。第 14 地点的洞穴地层中含有 4 种鲅鱼化石,它们生活所要求的环境比今天的化石产地要偏南,说明当时周口店地区的气候应当比较温暖。从洞穴堆积层的黏土矿物组合看,第 14 地点沉积顶部的砖红色土层和上砾石层均以高岭石和伊利石为主要黏土矿物,并含有少量的蒙脱石、蛭石和绿泥石,在电镜下可以见到少量氧化铁。高岭石类矿物是热带和亚热带土壤的一种指示矿物,我国北方和青藏高原的土壤中虽然也含有高岭石,但含量甚少。氧化铁一般分布于我国南方的土壤中,且含量较多,北方的土壤中虽然有,但不容易从电镜样品中见到。所以第 14 地点洞穴堆积物的黏土矿物组合不同于我国北方的一般土壤,然而它又不含三水铝矿,因而与我国南方热带的土壤又不相同,它应当是在比较湿热的气候条件下风化的,其湿热程度大致可相当于目前中亚热带地区。在孢粉组合上,其下部含喜暖的亚热带植物,反映湿热的亚热带气候,上部为针阔叶混交林-草原植被,气候上从干热或湿热到温湿或暖湿的变化有过多次波动。

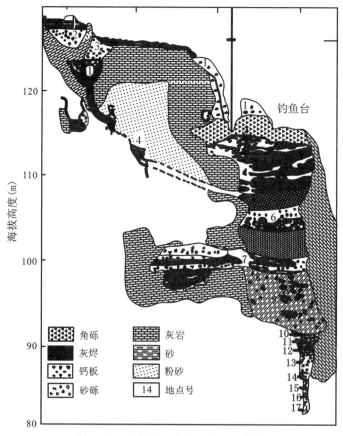

图 6-17 北京周口店地点号分布情况

周口店第 12 地点洞穴堆积物中哺乳类化石形成时期定为更新世早期,是与其顶部红色硬黏土层相当的沉积层。在第 4 地点南面岩溶裂隙内为充填的红黏土,在山顶洞南面的洞穴堆积中为棕红色粉沙土层,其黏土矿物组合较第 14 地点顶部和上砾石层的高岭石含量有所减少,伊利石略有增加,此外有少量蒙托石、蛭石和绿泥石,说明形成时期在上新世后期或早更新世,周口店地区的气温已略偏低,气候带向南移,逐步地向偏干的方向发展。

周口店第 1 地点北京猿人洞穴的堆积层厚度逾 40m,反映中更新世数十万年间有多次的古气候波动。这个洞穴的堆积层,从哺乳动物化石说,存在着多样的生态环境。例如,这里有习于栖息森林的种类,像猕猴、象及豪猪、野猪、斑鹿和麝等;有习于栖息草原或干旱环境的鬣狗、骆驼、羚羊、仓鼠和旱獭等;有习于河湖沼泽生活的水牛、河狸、水獭、中国水鼬、中国貉和黑鼠等。这与龙骨山的自然条件是一致的,即位于山麓丘陵,面向坦荡的北京平原,有河流和沼泽,而背依西山,又有森林和森林草原植被。而哺乳动物群所反映的气候条件,在 97 种哺乳类化石中,大部分属于温带古北界的种类,但是在地理分布上偏南的种类多于偏北的,偏北的种类离周口店地区比较近。而南方的哺乳动物中有远离华北地区的种类,所以当时的气候与现今比较接近,温和的程度比偏冷的程度要鲜明些。

从洞穴堆积物中孢子花粉分析所复原的古植被看,所得到的古气候变化更详细些。例如,过去仅在北京猿人洞穴堆积物中一块肿骨鹿标本上附着的土中就分离到 132 粒花粉,它们其中有云杉(约 6%)、松(约 33%)、桦(约 28%)、桤木(约 7%)、椴(约 2%)、柳(约 1%)和沙草属(约 1%)等,反映它们为北方针叶林与草原之间的植被,当时的气候应比现今寒冷。经过系统的采样分析之后可以看出,因古气候变化而发生的植被更替。第一阶段以"底砾层"为代表,在地面下 40～36m,花粉贫乏,缺少乔木,只有少量柏科花粉,草本比木本花粉多,但仅有蓼科、蒿属和菊科的,并有阴地蕨孢子和大量卷柏及苔藓,气候寒冷,几乎接近于"高山冻原"。第二阶段以地面下 33～20.5m 为代表,属于针阔叶混交林夹草原,气温与现今周口店的气温相近,但初期(29.1～27.8m)出现相当数量耐寒乔木冷杉和桦属花粉,同时有松、栎、桤、柳、榆等;中期(25.6～23.1m)松与冷杉北撤,裸子植物仅有柏科,桦属数量大为减少,而桤、柳、榆、朴和溲疏属增多,草本也增加,是以阔叶为主的混交林,气温接近现代;晚期(22.6～20.5m)松属又出现,柏科与桦属增加,还有栎和朴,而桤、柳和榆向南迁移,草本也减少。第三阶段在地面下 20.5～9.4m,为针阔叶混交林,以云杉、千金榆、苗榆、椴、山矾和榛的出现为特征,但气候是先热而后凉,尤其在初期(20.0～18.9m),乔木增多,突然增加了榛和山矾属。初期发育阔叶林,以桦、桤、朴、榛为主,松粉罕见,这个时期可能是猿人洞堆积中温度最高的时期;中期(18.1～14.0m)山地又为针阔叶混交林,草本和灌木增多,乔本中有松、冷杉、云杉、柏、桦、桤、榆、楷和榛等;晚期虽然仍为针阔叶混交林,但缺乏冷杉,增加了千金榆、柳和椴等,草原面积减小,但在晚期之末又扩大。1979 年曾以 0.5m 或 0.2m 间隔采样再系统地分析,也得出基本上属于温带针阔叶混交林环境下而有多次的气候波动。

综上所述,从动物和植物两方面分析来看,北京猿人洞 40m 厚的堆积层基本上属于温带气候,但有明显的波动:比较温暖的时期可以出现阔叶落叶林植被,并有少数亚热带成分,如山矾、紫萁和海金沙等;偏冷时期针叶林增加,出现松、冷杉和云杉等。此外,在对洞穴堆积物作气候地层分析中,也不宜受阿尔卑斯经典冰期模式的约束,因为从深海岩芯和大陆黄土地层等方面的古气候学研究已经证明,第四纪气候波动频繁,距今 70 万年来地球上至少经历过 9 个冰期旋回,可以分出 19 个氧同位素段。这种变化在洞穴堆积物的沉积特征上是可以得到部分反映的。洞穴碳酸钙化学沉积往往反映比较温暖的环境,而角砾层堆积除洞顶塌毁外,也多反映冻裂物理风化盛行,气候上相对比较寒冷。在周口店洞穴堆积中,中晚更新世的沉积层与上述上新世和更新世早期沉积明显不同之处在于普遍具有角砾层,这在一定程度上表明中国第四纪气候变迁所具有的方向性,即从中更新世开始,古气候变化波动更明显,更趋向大陆性。这一点与我国黄土地层等的研究结果是一致的。

在长江南岸江苏省溧水县神仙洞距今约 1 万年以前的洞穴堆积里,也可以看出古气候的波动。该洞穴位于茅山山脉中段回峰山北坡,海拔高度不过百米,相对高度约 60m,东西向延伸,其中西支洞的堆积层厚度超过 7.6m(未见底)。下部是灰岩角砾和砂砾岩屑,无化石;中部不足 3m 为黏土类粉沙层,具水平层理,为洞穴静水环境沉积,其孢粉组合草本占 64.7%,反映气候较现今要冷;上部为亚黏土层夹 3 层石灰华,厚度约 3m,无分选层理,由坡面流水进洞沉积,孢粉组合仍以草本为主,但所占比例向上部减少,木本多为阔叶树,并出现喜湿热的漆、冬青、桃金娘、山矾、忍冬和五加属等,表明气候转向暖湿,沉积中所夹的石灰华层正是这种转变的反映,而且可能代表更为短暂的暖波动。据在堆积层里分散的炭屑 C^{14} 测年,上部 3m 是在距今 11 200±1000 年前堆积的。在这层里发掘到 19 种动物化石,其中哺乳类 17 种,有 1 种灭绝种为晚期鬣狗,3 种现生种在地理分布上不属于这个气候区,如棕熊、麝和仓鼠现在都生活在较北的地方,表明当时的气候应比现今凉爽,与孢粉的分析结果基本一致。此外,这个洞穴的洞壁还贴附一层厚的石灰华层,与上述沉积不整合,局部地方构成部分洞壁。在洞外的山坡上于古岩溶裂隙内又充填有角砾的砂砾层,已呈半胶结状,孢粉组合木本占 56%,其中松花粉占 35.8%～41.4%,是以针叶为主的森林草原植被,反映的气候更偏冷。由此可见,该处洞穴的充填似乎与古气候的变冷有一定联系。而洞内的厚层石灰华则可能是在早期岩溶洞穴或裂隙被充填后,由于古环境变化又重新进行溶蚀,并在温暖气候下所发生的碳酸钙化学沉积。

第六节 洞穴堆积地层的划分和对比

在山地第四纪沉积不发育的情况下,洞穴堆积的地层往往是重要的地层剖面。洞穴多有丰富的生物化石和古人类文化遗物及可以测年的样品,因此洞穴堆积是第四纪地质研究的一个重要内容。如周口店北京猿人洞穴的堆积地层便是我国华北中更新世的标准剖面之一。然而,由于洞穴堆积分布零星,在地层对比上,特别与洞外缺少化石和测年资料的粗碎屑沉积地层的联系有一定困难,从而影响到洞穴地层的延伸和应用。此外,洞穴本身(如洞穴形成机制)的分析不能简单地与洞外河流阶地对比,在洞穴内也不完全呈上下叠覆的关系。下面就洞穴堆积地层发育的特点及其可能与洞外沉积地层的联系和对比进行分析。

1. 洞穴堆积地层的特点

洞穴堆积物含有化石,可以测年,又能反映古气候的波动,因此可以像其他第四纪地层一样进行生物地层、岩性地层和气候地层学的分析和对比。但是由于古环境的变化,岩溶化停滞和复活,可以引起洞穴的充填和冲刷,因而也可以使洞穴内的堆积层具有侵蚀不整合的接触关系。因此,洞穴堆积的地层,不仅不同时代的岩溶洞穴堆积层年代不一样,即使为同一个时期发育的岩溶洞穴或同一洞穴内不同部位的堆积层也可以具有不同的年代。不仅如此,有的地点不同高度的洞穴又可以具有相同时代的堆积层,或甚至相反,高层的洞穴反而堆积了时代晚的地层。这都与各洞穴的发育和充填过程有密切关系,需要进行具体分析。

1) 地貌阶段性发展形成的成层性洞穴

这类洞穴堆积地层的时代随洞穴高度增加而变老,如广西发育的几层洞穴所含哺乳类化石就具有这种性质,它们一般可以与洞外阶地进行联系。又如贵州省北部乌江与赤水河之间分水地带及各河的支流谷地里有3层岩溶洞穴,最高一层与山盆期古地面同时(在贵州息烽高程为1100m),形成于新近纪至第四纪初;第二层与当地河流二级阶地同时(高程为1050m),时代可能为中更新世;最低一层洞穴与一级阶地同时(高程为1020m),形成于晚更新世(图6-18)。

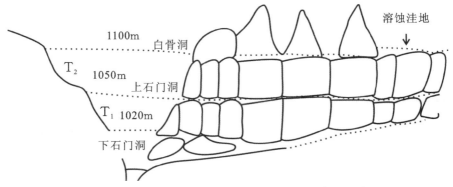

图 6-18 贵州息烽白骨洞及上、下石门洞与地面发育阶段关系图

2) 地质构造影响产生的成层性洞穴

在灰岩地区,由于地层产状和岩性影响,在同一个侵蚀基准面影响范围内可以形成不同高度的洞穴。特别是缓倾斜比较平缓的层面裂隙溶蚀的洞穴具有平洞形式,可有不同的高度。循陡倾岩层或破碎带发展的洞穴形成垂直型溶洞,深度大,可以至当地河流侵蚀基准面之下。在一个地区这两种洞穴可以并存,形式似为成层性洞穴,可是其高度变化与洞穴外的河流阶地或侵蚀基准面无严格的关系,所充填的堆积物时代变化比较大。如北京周口店龙骨山、山顶洞和新洞,主要沿层面裂隙发展,灰岩层的倾角为10°~30°,洞的高度分别为125m和114m(河床高程约80m);而第1地点的北京猿人洞穴和第12地点的洞穴主要沿陡倾的地层和裂隙溶蚀,灰岩层倾角在40°以上,第4地点的岩溶裂隙是沿剪切裂隙或破碎带溶蚀的,它们的深度均比较大,猿人洞底已深至周口河现代河床以下。然而充填的地层以山顶洞最晚(18 865±420年),第4地点为晚更新世早期,新洞内的堆积物距今9.5万~6.5万年,猿人洞堆积主要是中更新世,距今23万年;第12地点属于早更新世沉积,都无法与洞外阶地对比,也不能以洞穴的高程来衡量其内堆积物的新老(表6-1)。

岩溶洞穴和裂隙在充填过程中,由于环境变化可以发生再冲刷,即岩溶化复活,使洞穴堆积的地层呈切割关系。如江苏省溧水县回峰山神仙洞为垂直型溶洞,有3个不同时代的沉积,早期为半胶结的橘红色砂砾岩和角砾岩,充填在洞外山坡岩溶裂隙内,或胶结于灰岩壁上,含兔、鹿、马、熊等化石。洞穴内为厚层灰白色石灰华,其上又为晚更新世末或全新世的堆积层所埋藏,后者主要为砂砾、角砾和粉砂、亚黏土层,有层理,含晚期鬣狗和棕熊等化石及古老陶片,而厚层石灰华则构成晚期碎屑堆积时的部分洞壁,两者明显地不整合。在江苏省句

表 6-1 周口店龙骨山洞穴与阶地高度和时代的比较

洞穴或阶地	海拔(m)	相对高度(m)	洞穴或阶地的堆积物时代	备注
猿人洞	80~128	5~53	Q_1—Q_2	
新洞(洞口)	117	42	Q_3^3	
山顶洞(洞口)	125	50	Q_2^3	
东山顶盖上的砾石层	145~150	70~75	N_2	相当第14地点
Ⅰ级阶地	78~80	3~5	砾石层 Q_1	上叠阶地
Ⅱ级阶地	85~87	10~12	下砾石层 Q_1	基座基地
Ⅲ级阶地	101	36	砾石层 $Q_1(t)$	基座基地(北京勘察研究所北侧)
夷平面	150	70左右	$N_1(t)$	唐县期地面

注:洞穴堆积层具有侵蚀接触关系。

容县观音台(海拔 357.5m)西南麓一个垂直型洞穴裂隙(海拔约 100m)中,充填厚达 30m 的棕红色黏土、棕黄色亚黏土和角砾层,内含兔、鹿和中国鬣狗等化石,时代可能相当于神仙洞的早期橘红色砂砾岩层,然而在这个充填堆积层的左侧,垂直地贴附一层白色石灰华。这是在洞穴裂隙充填之后,受到冲刷和再溶蚀,又发育了新的溶蚀裂隙,并沉积了石灰华层。

2. 洞穴堆积地层与洞外沉积地层之间的联系

为研究地壳发展和古环境的演变,必须对地层做尽可能细的划分和对比。但洞穴地层比较孤立和分散,因而需要应用各种方法综合地进行分析。研究洞穴堆积与洞外的直接联系主要有 3 种途径。

1)洞穴与阶地对比

地貌发展阶段所形成的水平溶洞区存在洞穴与阶地的可对比性。例如,在欧洲冰川外围地区,根据阶地对比,将洞穴堆积地层与主要的冰期和间冰期发展联系起来,进行气候地层学的划分和对比。再例如,贵州北部乌江上游各层溶洞与河流阶地亦存在协调一致性。

2)海滨地区间冰期高海面海水进洞沉积

以法国地中海沿岸 Laglet 洞为例,洞穴堆积覆盖在民德—里斯间冰期时高海面的海相沉积层上,明显表现出随着冰期到来,海面水动型下降,而代之以寒冷气候下的冻裂角砾层。在意大利 Liquerie 洞,洞穴堆积层盖在里斯—玉木间冰期海滨相沉积层上,后者据 $^{230}Th/^{234}U$ 测年,在 95 000±5000 年前,属于梯兰尼安海侵。因此在洞穴地层中以 9 万年作为晚更新世地层的时限。由于水动型海面升降,岩溶地貌和洞穴可以淹没在海面以下。在地中海沿岸海拔 −200m 处还发现洞穴和裂隙充填物。我国东部平原和大陆架上第四纪海面大幅度变动的影响已在第四纪地层中得到反映,可以将平原地层的划分直接与气候地层进行对比。

3)洞外阶地沉积层进洞堆积

洞外阶地沉积层进洞堆积的情况是存在的,如周口店第 1 地点洞穴,在充填过程中受到古周口河影响,因此可以将下砾石层与猿人洞的下部地层进行对比。龙骨山为山麓丘陵,有振荡性的新构造运动,掀升轴(掀斜式抬升的轴心部位)频繁地迁移,如果能将阶地发展和相关沉积与下降平原区的地层联系起来,则周口店猿人洞穴这个地层标尺可应用于更广的范围。

从以上所述可以看出,岩溶洞穴地层有其本身的发展特点。各个洞穴由于所处条件不同,其充填过程不尽一致,特别是受古气候波动影响,洞内堆积层存在切割关系。冲刷和岩溶化复活常造成地层缺失,但同时洞穴范围稳定,在一个时段内堆积比较连续。山地区的第四纪陆相地层属于比较缓慢的堆积,能够较多地记录地质事件,特别是古气候的波动。在山地区第四纪地层不发育的情况下,灰岩洞穴往往是沉积地层的主要地方,并且也有可能同洞外地层进行联系。因此洞穴地层的分析,对于研究第四纪地质历史和认识古人类的生活环境有重要意义。

有的研究者还根据不同气候下岩溶速率和影响洞穴堆积的各种因子,提出在第四纪气候波动影响下,洞穴地层充填发展的模式。但是由于岩溶洞穴堆积地层比较星散,又多深埋在洞内,在不同气候带洞穴堆积具有不同特点,因此选择代表性洞穴进行详细的发掘和综合的研究十分必要。

第七章 岩溶水工环地质

第一节 概 述

　　由于岩溶作用(溶蚀)的差异性,碳酸盐岩地层分布区的岩溶发育不均匀,岩溶水文地质、工程地质、环境地质问题有很大的不同之处。例如,地下暗河、岩溶塌陷、岩溶渗漏、岩溶地基、岩溶边坡、岩溶石漠化等岩溶地质问题在分析、评价、预测、设计及工程处理上,采用传统的、经典的理论及计算方法得到的计算结果往往与实际情况出入大,有时甚至相悖,给预防治理、施工带来了困难,造成这种情况的原因就是岩溶发育的差异性和介质的非均质性。因此,想要解决此问题:一是根据实际岩溶环境条件,弄清岩溶发育特征,采用符合实际的计算评价方法(如双重介质、裂隙介质的模拟计算等),要做到这点,需要投入相当的工程手段及措施、较高的经费,除了特别的工程建设外,一般工程建设不易做到;二是在弄清岩溶发育条件,概化出岩溶介质的特征、水动力特征和边界特征,即岩溶地质模型,依据等效原理,采用传统的、经典的理论及计算方法得到基本符合实际的结果,只求计算分析上的准确性,而不是刻意要求计算结果的精确性,通常在实际的岩溶水文-工程-环境地质调查、分析、评价及设计工作中都是这样应用的。

第二节 岩溶环境地质背景

　　岩溶环境系统由大气圈、水圈、岩石圈、生物圈所组成。岩溶环境系统与其他环境系统的区别:①存在易被溶蚀的岩石和矿物;②富钙的水-气-土壤系统;③地表地下双层空间结构中物质能量特殊的运移变换方式;④生物和地球化学能的动力因素在岩溶环境系统的演化中更为强烈。

一、岩溶环境系统的组成

　　(1)岩石矿物系统,由可溶岩和矿产资源组成。
　　(2)土壤系统,基岩风化残余部分和经过搬运的自然土壤,各种耕植土、各生存于土壤中的微生物组成。
　　(3)岩溶水文系统,地下水文网发育的岩溶水文系统。
　　(4)地形地貌系统,地表、地下各种蚀余及堆积的岩溶形态和空间组成。
　　(5)生物系统。
　　(6)富Ca的大气圈包围着上述的各系统。

二、岩溶环境系统的特点

岩溶环境系统中,物质基础、水、生物,地球化学能等基本动力因素与其他环境系统不同,因此它具有一定的特殊功能特点。

1. 多空隙和双层空隙结构

可溶岩形成的多空隙(裂隙、洞穴)介质,以及地表、地下各种蚀余和堆积形态组成的双重空间结构,由各种裂隙、管道相互连通,成为以生物、地球化学和其他机械方式可以强烈进行的物质、能量迁移和变换的场所。因而,易产生各种环境地质问题,如水质污染、地面塌陷等。

2. 瘠薄的风化残余土层

岩溶环境系统中,自然土层具有"瘦、黏、薄"生物生产量低的特点,这种特点是由母岩的物理化学性质造成的,其原因如下。

(1)成土条件:碳酸盐岩中可溶性矿物含量高,岩石风化后,大部分可溶物质被淋溶流失,少量不溶物(含量10%左右)残留在原地形成土,因此形成的土"瘦、黏、薄"。如广西的溶液研究证明,要形成1m厚的土层,需要15万～85万年。

(2)成土母质中氮、磷、钾含量极低。碳酸盐岩中主要的化学成分为$CaCO_3$、$MgCO_3$,含量在90%以上,其次是SiO_2、Al_2O_3、Fe_2O_3等成分,除含磷碳酸盐岩外,风化残余的土层中,氮、磷、钾含量都很低。

(3)母岩中不溶物少。碳酸盐岩风化溶蚀后,其残余物主要为伊利石、蒙脱石、高岭石、水云母等黏土矿物,所以土层的黏性重。

3. 雨水、地表水、地下水的相互转化明显,地下水文网发育

碳酸盐岩多空隙、双层结构的特点,有利于大气降水的入渗。如我国暖温半干旱岩溶区,降水入渗系数为0.27～0.4;润湿的热带、亚热带岩溶区的入渗系数为0.3～0.6,最高可达0.8。因此,地下水文网比地表水文网发育。

4. 岩溶植被的旱生性、岩生性和喜钙性特性

由于岩溶区上覆土层薄而持水性差,大多数自然植物都有适应旱生环境的能力,如仙人掌。由于岩溶区土层中表层含钙量高,所以喜钙植物生产茂盛,如柏树,蕨类等。植物为了适应土少石多的环境,为了保持和吸收水分,植物根系发育,常深深扎入岩石缝隙和洞中。还有一些附生植物就生长于岩石表面。

5. 人类活动的敏感环境效应

由于岩溶区具有丰富的自然资源,所以生活在岩溶区的人口较多。人类为了生存大量伐木、开垦土地、采矿等,导致一些环境效应产生,如森林退化、水土流失、环境污染、干旱、洪水泛滥等。

三、岩溶环境地质背景调查

岩溶地区的矿山开发、工程建设、环境保护及治理等的基础工作是了解和掌握岩溶环境地质背景,为调查、勘探、勘察及分析和评价提供依据。研究区岩溶环境地质背景调查工作应从以下几个方面进行。

1. 气象水文

(1) 调查研究区所处的气候气象特征、气温、降雨量(多年平均值、一日最大暴雨量),以及重要工程项目,收集历年降雨量资料。

(2) 调查研究区所处的流域、水系、干流、支流、小流域面积,以及坡降、(洪、枯)流量、(洪、枯)水位、径流系数、所在水功能区、是否存在明流与伏流交替。

2. 地形地貌

调查地貌类型,如侵蚀、剥蚀、溶蚀地貌,调查研究区所处地貌单元,如峰丛-洼地、中低山沟谷、河谷阶地等。

调查地形海拔高度、高差、坡度、岸坡高度等。

3. 地层岩性

调查研究区从老至新的地层岩性(包括绘制地层柱状图),以及地层厚度和接触关系。

4. 地质构造及地震

调查研究区区域构造至小构造(四级),场地具体构造(褶皱、断层、节理裂隙),如断层发育方向、性质、产状、断距等,若断层多,应列表统计。节理裂隙发育方向、性质、产状、线密度。

调查研究区历史地震震级,依据《中国地震动参数区划图》(GB 18306—2015),《建筑抗震设计规范》(GB 50011—2010)。

5. 水文地质

调查研究区的地下水类型:孔隙水,基岩裂隙水,岩溶水(裂隙溶洞水、溶洞裂隙水、溶隙孔隙水)。

调查研究区地下水补给-径流-排泄特征,小流域面积,富水性指标(单位涌水量、枯季径流模数、泉或暗河出口流量),地下水埋深,流量,水质(污染、侵蚀性)特征。

工业废渣堆场岩溶渗漏污染地下水、地表水。

6. 岩溶发育特征

地表岩溶特征(形状及规模):洼地、落水洞、岩溶潭、天窗等。

地下岩溶特征(展布及规模):地下河、地下溶洞(溶隙)、土洞等。

7. 岩土工程地质条件

岩石等级的划分及划分依据,如硬质岩类、软质岩类;土体的分类及主要工程特性,可能存在的工程地质问题。

8. 工程对地质环境的影响

公路、铁路、矿山、地下水开采、水库及新城镇建设等对地质环境的影响,主要影响为人工边坡和岩溶塌陷、采空区和地面沉陷,以及地裂缝、滑坡和崩塌、矿山透水、突水等。

第三节 岩溶环境水文地质

一、原生污染

地下水补给、径流、排泄过程中,水与岩石介质的相互作用(如渗滤作用、离子交换作用等),使地下水富集岩石中某些离子组分超出了饮用水水质标准、地下水水质标准、地表水水质标准等,如贵州寒武系娄山关组白云岩中的石膏层,使地下水中 SO_4^{2-} 含量达到 $500 \sim 1200 mg/L$;二叠系煤系中地下水的硫化物、氟、铁超标,被视为"地下水原生污染",一般不宜开发利用。

二、矿山开采地下水污染

1. 煤矿开采地下水污染

贵州煤矿主要开采二叠系龙潭组($P_3 l$)煤系,该地层分布有 $6 \sim 10$ 层煤,煤层厚度 $0.2 \sim 2.5 m$,为泥岩、页岩、粉砂岩及煤层互层,并夹灰岩,岩溶泉流量 $0.05 \sim 2.5 L/s$。采煤形成采空区,导通了该层上覆的长兴组+大隆组($P_3 c+d$)岩溶含水层,有的地区乃至连通了上覆三叠系飞仙组($T_1 f$)岩溶含水层;下伏的栖霞组+茅口组($P_2 q+m$)岩溶含水层,导致地下水悬浮物、硫化物、氟、铁、锰超标,不仅污染了地下水,而且污染了地表水,如贵阳市阿哈水库受林东煤矿矿坑排水及污染岩溶水的影响,毕节市多条地表河遭受煤矿开采区矿坑排水的污染,甚至影响了黔中水利枢纽工程。

2. 磷矿开采地下水污染

贵州磷矿主要赋存于震旦系和寒武系,磷矿层厚度 $2.6 \sim 7.0 m$。磷矿开采造成上覆灯影组白云岩含水层被采空区疏干,地下水悬浮物、氟超标,并污染地表水。

3. 铝土矿开采地下水污染

贵州铝土矿赋存地层为石炭系摆佐组($C_1 b$)底部,铝土矿层厚度 $2.5 \sim 4.5 m$。铝土矿开采造成上覆摆佐组灰岩、栖霞组+茅口组灰岩含水层被采空区疏干,地下水悬浮物、氟、铁超标,并污染地表水。

第四节　工业废渣堆场的岩溶地下水渗漏污染

在岩溶地区,特别是裸露型和半裸露型岩溶地区,由于工业废渣堆场(库)的运营、保护和选址处理措施不当,废渣堆场中的强酸强碱废水通过落水洞、漏斗、溶缝、溶隙等产生渗漏,进入含水系统,会产生岩溶渗漏污染问题。如赤泥堆场的碱污染、磷石膏堆场的磷污染、氟石膏堆场的氟污染、盐泥堆场的硫酸盐污染等。岩溶水污染可造成以下问题:①对岩溶泉、井的污染,使地下水不能饮用;②对水库、湖泊的污染,除对供水水源地产生直接影响外,污染严重的会造成鱼类大量的死亡;③对山区河流的污染,影响了水电站的安全运行;④污染治理技术难度大。

一、贵州岩溶工业废渣堆场渗漏污染特征

贵州铝工业、磷化工工业等发展较快且规模大,其生产产品从矿山开采到加工生产均会产生相当数量的废渣,废渣库就是各种废渣(尾矿等)的堆放场地。由于废渣输送时伴有液相(30%~40%)或大气降水淋滤汇集等,库内蓄存有大量的含碱、酸浓度很高的废水,因此废渣库是个严重的污染源。渗漏污染主要有碱污染、磷污染、硫酸盐污染、氟污染、钡污染、粉煤灰废水污染和矿坑废水污染。

1. 碱污染

碱污染造成水中 Na^+、K^+、Cl^-、SO_4^{2-}、CO_3^{2-} 矿化度增高,使水变成强碱性、乳浊状并具有苦涩味。碱污染的危害:①污染水中 pH 值高,强碱性,不但人畜不能饮用、不宜农灌、危害水生物,而且减缓了水的自净功能。②大量的 CO_3^{2-} 存在和被稀释,将与河水中 Ca^{2+}、Mg^{2+} 结合产生石灰华,使水电站过水部位结垢,如扎塘赤泥库含碱废水对猫跳河二级水电站的影响。二级至二级半电站猫跳河段水中 pH 的变化由中性向碱性发展,而 Ca^{2+} 含量由高至低有个突变过程,表明由于河水受到碱性污染物质的影响后,使河水中的 Ca^{2+}、Mg^{2+} 与含碱废水中 CO_3^{2-} 结合形成 $CaCO_3$ 和 $MgCO_3$ 产生沉淀,并且很容易在水轮机叶片和管道中结垢,从而严重影响发电的安全运行。③含碱污水的长期作用将使土地盐碱化等,如扎塘赤泥库北西向管道裂隙渗漏(图 7-1~图 7-3)严重影响了二叠系和三叠系岩溶地下水系统,污染直线距离 1.73km,影响最远 3.7km,使 3 个泉点、2 个岩溶落水洞、1 口供水井受污染,几十户人的饮用水发生困难。此外,丰水期污染地下水大量溢出,使土地盐碱化。

图 7-1　扎塘赤泥库

图 7-2　S407(陆家湾)含碱污水渗漏点

图 7-3　S407(白水泉)含碱污水渗漏点

2. 磷污染

磷石膏库岩溶渗漏污染使地下水中的总磷(TP)含量超过地下水、地表水Ⅲ级标准的几十倍至上千倍,并且也严重地污染了地表水,岩溶水资源环境遭受了严重的破坏。

例如,贾家堰磷石膏库内排放有 1000m³/d 的废水,废水的总磷含量为 211mg/L,为一严重的磷污染源。该磷石膏库位于岩溶洼地中,被使用后便产生岩溶渗漏,进而污染了岩溶地下水和息烽河,影响了乌江水系水质(图7-4~图7-6)。

图 7-4　贾家堰磷石膏堆场

图 7-5　磷污染地下水汇入息烽河

图 7-6　被磷污染的息烽河

随着工业化和农业现代化的发展,化肥工业得到了长足的发展。为了满足持续生产的发展,妥善处理磷石膏废渣,保护生态环境,磷石膏堆场随之大规模地兴建和改造。这时,磷石膏废渣的贮存、处置和管理成为亟待解决的环境问题。尤其是磷石膏中的有毒有害物质可能通过各种途径危害生态环境,加剧大气污染、水质污染、土壤和地下水资源污染,严重地困扰着人民群众正常的生产活动,危害人类健康。

目前,国内外磷石膏堆场种类较多,技术差异也较大。例如,国内的贵州瓮福化肥厂磷石膏堆场、湖北大冶磷石膏堆场、云南富瑞化工杨家箐堆场、交椅山堆场等大多数选址设计在丘陵、山区等地方,利用其有利的地形地貌和地层岩性堆放废渣,当存在岩溶渗漏时,要做防渗设计和稳定性验算;而国外磷石膏堆放除丘陵区、山区外,还选择在平原区,这就要求不仅仅要整体防渗设计,而且同时防渗层要具备很高的力学强度,以防止发生渗透破坏,技术要求较高。

当前,磷石膏废渣的处理面临污染物数量剧增、受环境制约、适合于处置的场地日益匮乏等一系列问题。而潜存的堆场场地面积却愈来愈少。许多已有的场地也因未对地形、地下水位、土和岩石的性质、地表水和地下水的补给关系等进行严格的岩土工程勘察与处理,从而成为一个新的污染源,对周围环境造成严重损害。

3. 硫酸盐污染

硫酸盐污染使水中硫酸盐含量升高,破坏水的自然缓冲作用,消灭或抑制细菌和微生物的生长,削弱了水体的自净功能,导致水体的 pH 值改变,使水不能饮用。例如,大沟冲废渣库裂隙渗漏,污染了 1.66km 地表溪流和附近的地下水,使十几亩(1亩≈666.67km²)农田无法灌溉,以及人畜用水发生困难。同时硫酸盐污染对埋于地下的金属管道、模具等也具有腐蚀性。

4. 氟污染

氟污染使水中氟含量超标几十倍,水呈弱酸性,从而既不能作为饮用水源,又不能作为生活用水水源。例如,大坝石膏库岩溶裂隙渗漏,导致地下水开采污染,使得贵州理工职业技术学院(现已并入贵州师范大学)钻井抽出的地下水氟含量达 27.60mg/L,造成该校师生饮用水和生活用水发生困难,钻井报废。

5. 钡污染

钡污染使水呈弱碱性,呈白色,Ba^{2+}、S^{2-}浓度增高,人畜不能饮用。例如,红星钡盐厂钡盐堆场岩溶渗漏污染,影响了清镇水厂、红枫湖的水质。

6. 粉煤灰废水污染

粉煤灰废水呈弱酸性,污染物为 NH_4^+、F^-、SO_4^{2-}。污染使水不能饮用,妨碍水的自净功能,如鸡心坡煤渣堆场岩溶渗漏污染。

7. 矿坑废水污染

矿坑废水呈弱酸性,污染物为 Fe^{2+}、Mn^{2+}。污染的水既不能作为饮用水,又不能作为生活用水,如鸡心坡煤渣堆场岩溶渗漏污染。

通过对废渣堆场渗漏引起的磷污染、碱污染、氟污染和钡污染的调查研究表明,磷污染、碱污染、氟污染和钡污染(表 7-1)不仅使岩溶水不能作为饮用和生活水源,而且加剧了岩溶水(湖泊、水库)的水质恶化,如水发生富营养化等。

表 7-1 污染地下水主要污染物浓度

项目	pH	$Na^+ + K^+$	SO_4^{2-}	H_2SO_4	Ba^{2+}	S^{2-}	NH_4^+	F^-	TP	Fe^{2+}	Mn^{2+}	总碱度
碱污染	13	5200	1850									2096
磷污染	6.2		269					3.7	32			
硫酸盐污染	4.6			278								
氟污染	6.4	16.1	173					28				
钡污染	7.5				1.02	1.35						219
粉煤灰废水污染	6.4		502				0.6	4.0	0.6		0.35	
矿坑废水污染	6.5		71				1.3	0.3	0.4	9.4	17.7	

注:除 pH 外,单位均为 mg/L;总碱度以 $CaCO_3$ 计。

二、渗漏污染类型及水动力弥散特征

由于岩溶介质的非均匀性,地下水赋存、运移也极不均匀。包气带中落水洞、漏斗、溶缝等发育,使地下水直接与地面和大气相通,因此岩溶含水系统抗污染能力差,岩溶水资源环境十分脆弱,极易受污染。根据贵州12个工业废渣堆场岩溶含水系统及水动力特征,废渣堆场渗漏可分为管道系统渗漏、管道裂隙系统渗漏、孔隙裂隙系统渗漏和采空区系统渗漏四大类型。

1. 管道系统渗漏

废渣堆场位于可溶岩地层裸露的岩溶强发育区,地表岩溶为洼地、落水洞和垂直溶隙,地下岩溶为管道、溶洞。岩溶水动力条件和边界条件复杂,地下水径流受地质构造控制,因而渗漏途径长而复杂,渗漏量大,并由于地下水位动态变幅大,渗漏出露点随季节有一定的变化。所以该类渗漏不仅使污染源所处的含水系统地下水受污染,而且越流使相邻岩溶含水系统及排泄点汇入的地表水体受污染,如扎塘赤泥库、贾家堰磷石膏库(表7-2,图7-7)。

表7-2 废渣堆场岩溶渗漏类型

污染源	污染状态	渗漏形式	渗漏点类型	渗漏距离(km)	水力坡度(‰)	最终受纳水体	备注
扎塘赤泥库	碱污染	岩溶裂隙	岩溶泉	1.76	3.93	猫跳河	
扎塘赤泥库	碱污染	管道裂隙	岩溶泉	1.73	11.76	猫跳河	
扎塘赤泥库	碱污染	岩溶裂隙	岩溶泉	1.73	3.93	百花湖	
清镇铁厂尾矿库	硫酸盐污染	管道裂隙	岩溶泉	1.66	7.66	猫跳河	
大沟冲渣库	硫酸盐污染	岩溶裂隙	岩溶泉	0.18	3.26	大塘河	
贾家堰磷石膏库	磷污染	管道裂隙	岩溶泉	1.85	6.26	潮水河	
镇宁钡渣库	钡污染	岩溶裂隙	岩溶泉	0.60	3.12	地下水	
摆纪磷石膏库	磷污染	管道裂隙	暗河出口	3.03	2.96	浪坝河	
大坝氟化盐渣库	氟污染	岩溶裂隙	抽水井	0.85	1.42	麦架河	孔隙裂隙十分发育且较为稳定,可概化为"等效"介质类型
独田渣库	氟污染	管道裂隙	岩溶泉	0.96~1.90	2.65	浪坝河	

续表 7-2

污染源	污染状态	渗漏形式	渗漏点类型	渗漏距离(km)	水力坡度（‰）	最终受纳水体	备注
瓮福磷矿白岩尾矿库	碳酸盐污染	岩溶裂隙	岩溶泉	0.16~0.52	1.17	小翁光河	
鸡心坡灰库	粉煤灰及矿坑废水污染	矿坑巷道	矿坑出口	4.60	3.32	阿哈水库	
青菜冲赤泥库	碱污染	岩溶裂隙	抽水井	1.9	1.26	巴拉河	孔隙裂隙十分发育且较为稳定,可概化为"等效"介质类型

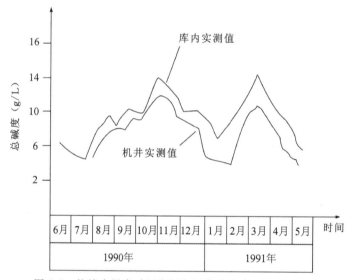

图 7-7 扎塘赤泥库碱污染源与污染点浓度对应关系图

水动力弥散特征：岩溶地下水以管道为主,表现为线状弥散特征,污染质浓度在运移过程中变化大,污染浓度损耗小,污染物质浓度明显受污染源浓度变化的影响,两者之间具有很好的对应关系,而且滞后期较短,曲线呈锯齿型。

2. 管道裂隙系统渗漏

废渣堆场位于岩溶发育中等区,岩溶介质为管道裂隙型,岩溶渗漏受裂隙径流的控制,表现为渗漏途径较短,渗漏量较稳定,主要造成对地表水的污染,如瓮福磷矿白岩尾矿库岩溶渗漏污染、大沟冲渣库和大坝氟石膏渣库等岩溶渗漏污染。

岩溶地下水以管道裂隙流为主,表现为带状弥散特征,污染物初始浓度有限,在运移过程中由于地下水的汇入,污染物浓度不断降低,污染浓度损耗大。由渗漏污染点开始,污染物浓度随污染源浓度变化而逐渐变化,而且滞后期长,曲线呈圆滑型(表7-2,图7-8)。

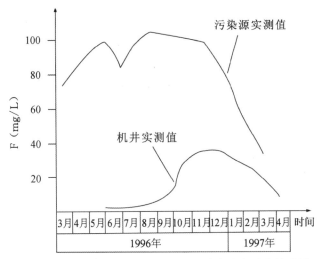

图 7-8　大坝氟石膏渣库污染源与污染点浓度对应关系图

3. 孔隙裂隙系统渗漏

废渣堆场位于相对较弱岩溶发育区,孔隙、裂隙十分发育且比较稳定,含水系统中水力联系相对紧密。例如,寒武系娄山关组白云岩,岩溶介质发育具有相对的均匀性,岩溶渗漏可认为符合均匀介质运移规律,浓度曲线符合理论曲线。在进行污染物运移计算与模拟时,可参照均匀介质条件,如青菜冲赤泥库(表7-2,图7-9)。

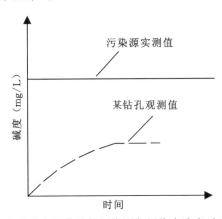

图 7-9　青菜冲赤泥库堆场污染源与污染点浓度对应关系图

4. 采空区系统渗漏

废渣堆场位于可溶岩与非可溶岩互层地层区,由于采矿(煤)作用,地下巷道交错分布,破坏了非可溶岩的隔水性,因此渗漏途径类似于地表水径流,使堆场渗漏废水与矿坑水混合,进而污染地下水,其污染影响是极为严重的,如鸡心坡灰库(表7-2,图7-10)。

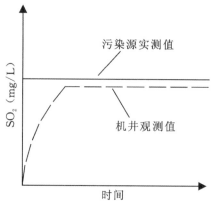

图 7-10 鸡心坡灰库污染源与污染点浓度对应关系图

第五节 岩溶矿床充水及透(突)水

一、概述

在矿山建设和开采过程中,单位时间内涌入矿坑的水量称为矿坑涌水量,它包括涌入巷道和开采面中的水量。矿坑涌水量是矿山开采设计部门选定开采方案,确定疏、排水设计和拟定防水害措施的可靠依据,也是衡量矿床水文地质条件复杂程度的重要因素(郑世书,1999)。矿坑涌水量大小,不仅影响矿山基建工程的投资规模、矿石生产成本和矿山生产经济效益的高低,而且影响着矿山防水措施和排水设计的选定,甚至关系矿山开采的安全。如果矿坑内涌入大量的水,不仅影响采掘工作,而且严重时威胁矿山工作人员的生命。

随着人口的不断增长和城市及工业的迅速发展,人类对原材料的需求成倍增长,现今磷矿、煤矿、铝矿、铁矿资源的需求量也是成倍增加。因此,更需要开发深部的矿产资源,在开阳磷矿为了获得更多宝贵的磷矿石,不得不延深开采深度,进行超深开采。但是由于矿区水文地质条件相对复杂,人们对矿坑涌水量的预测精度不高,总达不到满意的精度,这就导致了矿坑涌水量的预测值偏离实际值,不是造成排水设备的闲置,就是设计排水能力不足,影响矿石的正常开采,严重时导致矿坑水灾事故的发生。近年来矿坑涌水造成的事故频繁发生,调查显示涌水事故大多是对水文地质条件认识不充分,矿坑涌水量预测误差大,排水措施不能满足排水要求等造成的。

矿坑涌水量是矿山防水措施和排水设计中受高度关注的问题,但是矿坑涌水造成的事故却频繁发生,给人民的生命和财产造成巨大的损失,其主要原因是水文地质技术员对矿山水文地质条件认识不充分。此外,矿井下采矿活动,破坏原有的水文地质条件,使原本复杂的水文地质问题变得更复杂,更难以被人们所掌控,导致矿坑涌水量的预测误差大,特别是超深开采时,对矿坑涌水量的预测精度更低。所以为了减少矿坑涌水事故的发生,矿坑涌水量预测问题还需要进一步开展深入的研究。

二、国内外研究现状

很久以来,矿坑涌水事故一直是困扰矿山安全生产的一个非常棘手且又亟待解决的问题。一直以来,很多研究人员也一直在做这方面的研究,在不断地提高矿坑涌水量的预测精度。如今,由于矿坑透水事故的频繁发生,急切需要进一步提高矿坑涌水量预测的精度,矿坑涌水量预测方法的研究已成为一个重要课题。

矿坑涌水量预测包括矿坑总体涌水量预测和具体开拓过程中的各井、巷的涌水量预测。主要任务是预测导水裂隙带、落水洞和岩溶洼地等不利补给条件下将威胁矿山安全生产的最大涌水量和正常补给条件下正常涌水量,为矿山排水设计提供依据;预测枯水季节条件下的最小涌水量,为保证矿石开采所需用水量提供下限;在必要而且条件允许情况下,预测正常补给条件下矿坑排水量与矿坑疏干时间的关系,以确定最佳疏干排水量(杨成田,1981)。矿坑涌水量预测不仅要反映洪水年份与枯水年份、补给期与非补给期补给范围、补给量的变化情况,也要反映出矿床开采对地下水水位、径流通道变化的影响。为此,国内外众多研究者做了大量的工作,分别从不同的角度对矿坑水量预测进行了研究,至今已取得了突破性的进展,也为后续的研究打下了坚实的基础。

回顾矿坑涌水量的发展历史,长期以来,国内外常用的矿坑涌水量预测方法主要有水文地质比拟法、涌水量曲线方程法、水均衡法和稳定流解析法。但是这四类方法只适用于水文地质条件比较简单、对预测精度要求不高的矿区。随着计算机的出现及发展,电网络模拟法和数值法逐渐得到了应用,这两种方法可以模拟边界复杂的矿区,使得复杂矿床涌水量预测精度得到提高,但是这两种方法对基本的水文地质参数要求更高更准,计算复杂、计算时间长、费用高,需要用计算机进行计算。根据矿床水文地质计算中常用的各种数学模型的地质背景特征及其对水文地质概念模型概化的要求,可作如下类型的划分(图7-11)(曹剑峰等,2005)。

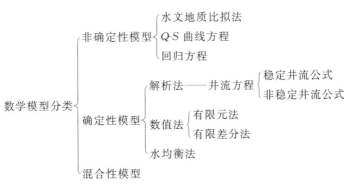

图7-11 矿床水文地质计算中常用的数学模型分类

然而在建立的各种数学模型中,有限元法和有限差分法的预测精度相对较高,也成为如今比较常用且成熟的方法。根据不同的方法,国外编制了不同的数值模拟软件,主要有美国地质调查局的标准有限差分程序Modflow、加拿大Waterloo公司的Visual Modflow、德国卡塞尔大学PM有限差分软件,还有GMS、GW、Vista等软件(祝晓彬,2003;丁继红等,2002)。这些国际流行的地下水模拟软件,不仅减少了计算时间、提高了计算精度,而且可以实现水质点的向前、向后示踪流线模拟,计算出三维流线分布和任意时间段水质点的移动位置,进行任意区域的水均衡研究。

三、岩溶充水矿床

岩溶充水矿床的水文地质条件复杂,其复杂主要体现在含水介质的非均匀性、边界构成的复杂性。另外,矿石开采必然对矿区水文地质结构产生影响。首先是矿石开采破坏矿区地质体的物理结构,改变含水层的原有水文地质结构的补给、径流、排泄系统,使得大气降水以及地下水补给量增加,地表泉水枯竭,改变局部地下水渗流场及地下水的流向;其次是持续的强行排水导致开采区的地下水位下降,形成以矿区为中心的降落漏斗,从而使得地下水的流动规律变得更为复杂,使得人们很难掌控,极易产生充水、透水事故。因此岩溶矿坑涌水量预测是一个困难的问题。

然而贵州岩溶山区的矿床大都属于岩溶充水矿床,特别是铝土矿、煤矿、磷矿等矿床。它们顶、底板的含水性与隔水性不同,地层岩性的富水性不同,沉积时代不同,使其具有各自的特点,下面以磷矿、煤矿、铝土矿为例进行分析。

1. 不同矿床岩溶充水特点

1)磷矿岩溶充水矿床

开阳磷矿沙坝土矿床的唯一含水岩组是灯影组的白云岩,也是该矿床的直接顶板(图 7-12),厚度较大,富水性强,地层形成时间较早,根据勘探资料和抽水试验结果分析,该地层含水较均匀。由于该地层上部出露于地表,其上部地下水为非承压水,而下部虽具有一定的承压性,但是受开采时的不断排泄,导致地下水类型由承压水转化为非承压水,故突发的顶板透水事故较少。而上部有牛蹄塘组($\in_1 n$)、明心寺组($\in_1 m$)的隔水岩组,岩层厚度大,隔水性良好。

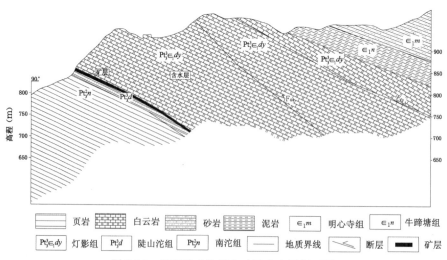

图 7-12　开阳磷矿沙坝土矿区充水层剖面图

矿床的底板是南沱组的页岩，岩层厚度大，并且在矿层开采的过程中没有被破坏，隔水性良好。

2）煤矿岩溶充水矿床

金沙县某煤矿矿床有三层含水岩组，顶板以上有两层，底板以下有一层（图7-13）。第一层含水岩组是夜郎组玉龙山段（T_1y^2）的灰岩和泥质灰岩，上部是灰岩，岩溶发育；下部是泥质灰岩，岩溶发育较弱。含水性一般，由于大面积出露地表，所以地下水类型为非承压水。第二层是夜郎组沙堡湾段（T_1y^1）的泥岩较薄，但是隔水性较好，导致夜郎组玉龙山段（T_1y^2）和长兴组（P_2c）的水力联系变弱。而长兴组虽然厚度不大，但是其岩溶较发育，富水性强，其地下水类型为承压水。当对矿层进行开采时，在构造带或者隔水顶板薄弱带，会造成顶板透水，发生突水事故。

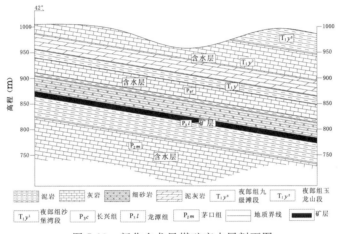

图7-13　新化乡龙凤煤矿充水层剖面图

底板下的茅口组（P_1m），也是含水岩组，其岩溶也是较强发育，富水性也很强，含水介质变化较大，地下水类型为承压水。这样也会在断层带或者底板薄弱带造成底板突水，导致矿坑突水事故。

3）铝土矿岩溶充水矿床

贵州铝厂林歹矿魏家寨矿床位于龙头山背斜西翼，地层发生倒转（图7-14）。矿区自西向东为栖霞组和茅口组（P_1q+m）灰岩含水层，摆佐组（C_1b）灰岩含水层，娄山关组（$\in_{2-3}ls$）白云岩含水层，分别被梁山组（P_1l）和矿层隔水岩组所隔。该矿床顶板为娄山关组的岩溶裂隙、孔隙含水层，岩溶发育程度自上而下由强变弱，富水性强，可以通过矿层越流补给矿区。而在局部地段由于该层变薄或尖灭而失去隔水性，直接补给矿区。

在底板有摆佐组灰岩直接含水层，栖霞组和茅口组灰岩间接含水层，中间有梁山组页岩、砂岩隔水岩组。摆佐组地层岩溶极其发育，地下水丰富，为承压含水层，在破碎带或构造带，易造成底板透水事故，对矿石的开采造成威胁。栖霞组和茅口组地层岩溶极其发育，地下水最为丰富，能够得到撒拉河的补给，在构造带经过梁山组隔水岩组越流补给摆佐组含水岩组。

从岩溶发育规律和富水性特征分析可得出，地下水之间通过裂隙、微裂隙相互连通，保持密切的水力联系，构成一个统一的岩溶含水层，这些广泛发育的溶洞、溶隙、微裂隙构成的"地下溶洞-裂隙网络系统"使岩溶含水层表现类似于多孔介质的特征。

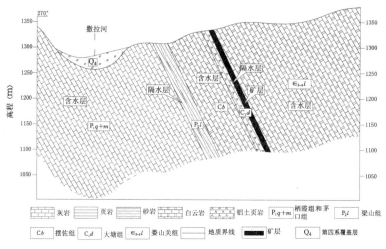

图 7-14 林歹矿魏家寨矿区充水层剖面图

从上述分析看,各类矿床,由于断层存在,上、下含水层发生水力联系,水文地质条件变得复杂。特别是煤矿和铝土矿岩溶充水矿床都会存在顶、底板突水情况,而且其岩溶分布不均匀。这些因素都使得矿床水文地质条件更为复杂,矿坑涌水量变数大,预测误差大。而磷矿岩溶矿床含水地层较为单一,含水介质相对较为均匀,矿坑涌水量预测误差相对较小。

2. 矿坑涌水量预测方法

矿坑涌水量预测与研究区的环境地质条件和水文地质条件关系紧密,要进行涌水量预测,首先要根据环境地质条件和水文地质条件进行概化,建立水文地质概念模型,然后建立数学模型,最后进行调整参数与计算。具体的预测路线见图 7-15。

1) 矿坑涌水量预测的特点

在当今的研究中,人们对地下水供水水资源量预测的方法已较为成熟,而在方法原理上,矿坑涌水量预测与地下水供水水资源量预测类同,但二者又有差别,矿坑涌水量的预测比地下水供水水资源量预测复杂,主要原因是二者在水文地质条件的改变、预测要求与预测的精度上存在差别。

(1) 矿山密集的井巷和大面积采空区的存在,必然大面积破坏含水层的结构,从而改变矿区水文地质条件;与地下水供水的取水建筑物简单,对含水层的破坏小对比,矿坑涌水量预测就变得更复杂了。

(2) 磷矿大多分布于岩溶地区,属于岩溶充水矿床,含水层的参数代表性不易选择;边界条件构成复杂,影响因素多,水文地质概念模型的概化难度大。

(3) 预测目标方面,矿坑涌水量预测以疏干丰水期的最大涌水量为目标,而地下水供水水资源评价则以确保枯水期安全开采的最低水量为目标。

(4) 地下供水水资源量预测是在地下含水层小降深,能够得到持续补给,并保持一定降深的情况下进行预测的,而矿坑涌水量预测则是大降深的疏干含水层,对矿区水文地质条件造成破坏,改变地下水运动状态的情况下预测的,这样必然存在矿坑涌水量预测的不确定性因素。

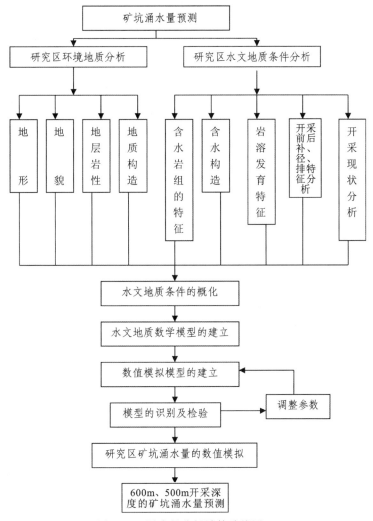

图 7-15 涌水量分析计算路线图

(5)磷矿层的水文地质勘探与专门性的供水水文地质勘探相比,前者勘探程度低,能提供的信息量相对少,而后者勘探较详细和准确。

从上述的分析可以看出,存在着诸多导致矿坑涌水量预测精度不高的客观条件,因此在矿坑涌水量预测过程中,不仅需要改善勘探的方法,提高勘探的精度,而且需要研究更科学、更合理的预测方法,根据不同矿区的水文地质条件选择合理的预测方法。

2)矿坑涌水量预测的影响因素

矿坑涌水量预测虽然在勘探和生产中占有重要位置,但目前的研究成果仍需进一步完善。矿坑涌水量预测的误差大,使已建成的开拓井巷因实际涌水量远远大于预测的数量而导致淹井或被迫搁置起来。有的是可以开采的矿(井)田,又因预测的涌水量过大而无法开采,有的是按过大的涌水量设计矿坑排水能力而造成不必要的浪费(刘前明,2001;叶艳妹,1991)。导致矿坑涌水量预测误差的原因很多,总结起来主要体现在以下 3 个方面。

(1)水文地质条件分析不清楚。在进行矿坑涌水量预测时,需对矿区含水岩组的岩性、产状,含水岩组之间的水力联系,地下水的补给来源,地下水的边界条件等进行分析,如果没有查清水文地质条件,或作出错误的判断,都将导致矿坑涌水量预测结果失真,甚至得出与实际情况完全不符的结果(肖广惠,2008)。

(2)选用的水文地质参数不符合事实。水文地质参数是建立矿坑涌水量计算模型的基本数据,在对矿区进行勘察时,获取的水文地质参数缺乏代表性或与实际情况不符,这都将直接影响矿坑涌水量的预测精度。

(3)没有选择合理的数学模型。数学模型的作用是对水文地质模型进行数学描述,这是水文地质模型的一种数学表达方式。因此,数学模型的选择必须以水文地质模型为基础。然而水文地质模型的正确与否取决于对水文地质的勘探方法、勘探工程的精度及提供的勘探成果。

总之,要想提高矿坑涌水量预测精度必须遵循3个基本原则,即查明水文地质条件、选择能反映实际情况的计算参数、建立正确的数学模型。

3) 矿坑涌水量预测的方法

(1)水文地质比拟法。水文地质比拟法是指利用地层岩性、地质构造和水文地质条件相似、开采方法及规模基本相同的生产矿井的排水或涌水量资料来预测拟建矿井的涌水量的方法(崔杰,2009)。该方法的运用,必须要求老矿井和拟建矿井的采区水文地质条件和开采方法应基本相似,并且老矿井应有长期的矿坑涌水量观测资料和分析数据。只有这样才能保证矿坑涌水量与各影响因素之间的数学表达式的可靠。

在实际生产中,水文地质条件及开采条件基本相似的矿床是罕见的。故水文地质比拟法只是一种近似的计算方法,只适用于水文地质条件简单、涌水量危害小、矿坑涌水量预测精度不高的矿山。

(2)涌水量曲线方程法。涌水量曲线方程法又叫涌水量-降深曲线外推法。涌水量曲线方程法就是根据稳定井流抽水试验的涌水量(Q)与水位降深(S)的资料,建立涌水量与水位降的关系方程,然后根据建立的 Q-S 曲线方程,来外推未来开采矿井设计水位时的涌水量(蒋辉,2008)。因此,该方法的使用要求试验抽水井的水文地质条件尽量接近未来开采矿井的水文地质条件。

涌水量曲线方程法的优点是计算简单,避开了一系列的水文地质参数;缺点是进行涌水量预测时,没有一定的理论依据,预测值不允许超出抽水试验的取值范围,对于水文地质条件发生变化,深埋矿体坑道涌水量的预测,采用涌水量曲线方程法得出的结果往往不可靠。

(3)水均衡法。水均衡法是根据矿山开采条件下,矿区所在均衡区地下水的收入、支出、储存之间的平衡关系来估算开采矿区总的可能涌水量的方法。该方法适用于矿区水文地质单元比较独立,矿区的地下分水岭、地表分水岭分界线清晰,封闭程度较好,地下水补给量和排泄量数据统计完整的矿区(吴文强等,2009)。用来预测矿坑涌水量的基本均衡方程为:

$$Q_{涌} = (Q_c + Q_y + Q_h + Q_{yh} + Q_r) - (Q'_c + Q'_y + Q'_h + Q'_{sh} + Q'_r) - Q_{ch} \quad (7-1)$$

式中,$Q_{涌}$ 为开采地段的可能涌水量(m^3/d);Q_c、Q'_c 为地下径流侧向流入量和侧向外泄量(m^3/d);Q_y、Q'_y 为越流补给量和越流排泄量(m^3/d);Q_h、Q'_h 为河流补给量和泄往河流的水量(m^3/d);Q_{yh}、Q_{sh} 为大气降水补给量和蒸发消耗量(m^3/d);Q_r、Q'_r 为人工补给量和除本矿井以外的其他人工抽(排)水量(m^3/d);Q_{ch} 为单位时间内含水层储存量的增长量或消耗量

(m^3/d),储存量对承压含水层为弹性量,对潜水含水层为静储量,对于稳定状态,此项值为0。

水均衡法能计算出进入开采地段内总的最大涌水量,而不能计算局部的涌水量。水均衡法的优点是能在查明有保证的补给来源和确定排泄量的情况下,确定出整个矿区总的涌水量,对一个水文地质单元进行总体上的地下水量预测;缺点是难在矿坑处于开采条件时建立均衡式及测定均衡要素,不能反映矿区矿坑涌水量的变化情况。

(4)解析法。解析法是预测矿坑涌水量方法中的常见方法,使用也比较普遍,它是根据地下水动力学原理,对一定边界条件和初始条件下的地下水运动建立相关定解公式,然后根据建立的定解公式来预测矿坑涌水量的方法。解析法不仅可以用来预测矿区井、巷道系统和开采工作面的涌水量,而且可以预测疏干水位、疏干范围和疏干时间。事实上,解析法更常用来计算矿区水文地质参数,为数值法反求水文地质参数提供初始值或限制条件(杜敏铭等,2009;王晓明等,2004)。

由于地下水渗流运动是以达西定律为基本定律,所以所有的解析公式都是在达西定律的基础上推导或建立出来的。在矿坑涌水量预测中,解析法中最常用到的是井流方程,其基本公式分为稳定流和非稳定流两大类。

稳定流的公式(裘布依公式)为:

$$Q = \frac{2\pi KMS}{\ln \frac{R}{r}} \quad \text{(承压含水层)} \tag{7-2}$$

$$Q = \frac{\pi K(2h_\Delta - S)S}{\ln \frac{R}{r}} \quad \text{(潜水含水层)} \tag{7-3}$$

非稳定流公式(泰斯公式)为:

$$Q = \frac{4\pi TS}{W\left(\frac{r^2}{4at}\right)} \quad \text{(承压含水层)} \tag{7-4}$$

$$Q = \frac{2\pi K(2h_\Delta - S)S}{W\left(\frac{r^2}{4at}\right)} \quad \text{(潜水含水层)} \tag{7-5}$$

式(7-2)~(7-5)中,Q为涌水量(m^3/d);K为含水层的渗透系数(m/d);T为含水层的导水系数(m^2/d);M为含水层的厚度(m);a为含水层的导压系数(m^2/d);R为影响半径(m);r为抽水井半径(m);S为水位降深(m);h_Δ为潜水含水层的天然水位(m);W为井函数;t为抽水时间(d)。

当含水层有越流补给或有多个观测孔等情况存在时,上述公式还有相应的表达式(许涓铭和邵景力,1985)。

从上述公式可以看出,稳定流不包含时间变量,而非稳定流包含时间变量,这是它们的根本区别。在利用稳定流求解时,稳定流主要解决两个方面的问题:①已知生产时最大水位降深的条件下,预测矿坑总的涌水量;②在提供疏干排水能力的条件下,计算水位降深值。非稳定流理论主要解决三个方面的问题:①已知疏干时间和水位降深值,预测矿坑涌水量;②提供矿区排水能力和水位降深值,求疏干时间;③已知疏干时间和排水能力,求水位下降值。在实际的矿区中,符合稳定流的情况是很少见的,因为很多影响因素都是变化的,如大气降雨的补给,地下水受采矿的影响而发生变化等。

然而解析公式的建立都需要对边界条件进行简化,对一些条件进行过多的假定,这样就导致了该方法在矿坑涌水量预测中有很多的局限性。尽管如此,对水文地质条件进行适当处理和概化后,用解析法来进行局部的矿坑涌水量预测还是有可能的。

(5)电网络模拟法。电网络模拟法也是矿坑涌水量预测的一种方法。电网络模拟法即电阻网络模拟法,有电阻-电容(R-C)模拟法和电阻-电阻(R-R)模拟法两种。电阻-电容(R-C)模拟法主要用于处理稳定流问题,而电阻-电阻(R-R)模拟法适用于处理非稳定流问题。电网络模拟法预测矿坑涌水量,无论在基本思路上,还是在运用条件和功能上,与数值法都是大同小异。但是电网络模型难以处理潜水问题,在使用中缺少通用性,故使用程度不高,还需要进一步改进。

(6)数值法。随着计算机技术的发展及计算机的普遍使用,用数值法来求解地下水问题也越来越多。数值法不仅能够考虑更多的影响因素,解决更复杂的地下水问题,而且计算精度也较高。它是把本来在时间和空间上连续的函数离散化,求得函数在有限个结点上的近似值的一种方法。

从方法上讲,数值法分为有限单元法、有限差分法、边界元法等。数值法能处理含水层的非均质各向异性,复杂的内外边界条件,能较好地反映实际的水文地质条件。首先,数值法能够将一个反映实际地下水渗流场的光滑连续面,用无数个彼此衔接的多边形或三角形的不光滑折面代替,这样就使复杂的非线性问题转化为线性问题,从而避免了解析法在求解微分方程时对各种限制条件理想化的要求,使得数值法更适用于各种复杂水文地质条件下矿坑涌水量预测。其次,采用与空间状态、时间序列有关的分布参数的模拟模块,使得数值法的模拟结果更能够真实地反映水文地质模型的各种特征,可以通过二维或三维的模拟图形反映出水流的方向,从而可以指出开采时预防和治理的重点区域。虽然数值法计算结果在数学上也是一种近似值,但是对于解决实际问题来说却是逼真的,从而显示出强大的优越性(黄建华,2001)。

矿山开采规模不断扩大、深度不断增加、疏干漏斗不断扩大,导致地下水边界条件不断变化。因此更需要预测各个时段对应的矿坑涌水量,以及地下水的流向,数值法在这方面的优势就更加突出了。

如今,已经开发出以数值法为理论的地下水数值模拟软件,现在国际上较为流行的地下水数值模拟软件主要有 Visual Modflow、Visual Groundwater、GMS、TNTmips 等。但是较为成熟的软件是加拿大 Waterloo 公司的 Visual Modflow 软件。该软件具有地下水流模拟(Modflow)、示踪剂跟踪模拟(Modpath)、溶质运移模拟(MT3D)及域均衡计算(Zbud)等功能。该软件是通过有限差分法求解方程组,得出每个应力期的水头值,通过可视图显示出地下水流向等,让使用者能更直观地了解地下水动态变化情况,能提供更可靠的分析信息。

第六节　岩溶泉

根据对表层岩溶带发育特征的统计,其上出露的表层带岩溶泉大部分为具有相对完整的输入输出系统的"小流域"(王明章,2005)。对于主要接受大气降水补给,仅一个总出口或集中几个出口排泄的,能自成一个独立封闭体系的岩溶裂隙含水岩体中的地下水资源,可用流量衰减分析法进行评价。

一、衰减系数法

能够自成一个独立体系的含水岩体(水文地质单元)接受大气降水的补给后,渗入的水量在裂隙中流动,成为地下径流,然后汇集于一处或几处出露,形成泉水。在泉口处设立水文测站,测定泉流量,其泉流总量接近地下径流量。对地下径流量的实测资料系列进行水文分析计算,确定地下水的可开采量。

这类含水岩体地下水的水文动态有一个特点:在一次降水或一年的雨季之后,泉水流量出现峰值,随后是流量的衰减,一直延续到下次降水或下年度雨季来临为止,这时流量出现最小值。

上述情况可用盛水容器的充水与放水过程来作过比拟(图 7-16)。深厚广袤的含水岩体好比是盛水容器,岩溶泉口出流就是容器排水孔放水。充水时(相当于降雨补给期)容器中水位上升,储存量增加,出口流量增大,停止充水后(相当于无降水补给,即枯水旱期),流量自最大值开始衰减,持续到下一次充水开始,此时出现最小值。

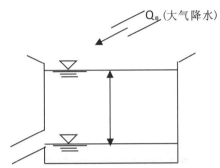

图 7-16 岩溶含水体充水、排水模拟

布西涅斯克(1904)和梅勒(1905)提出用指数函数表达流量衰减过程的方程,即:

$$Q_t = Q_0 e^{-a(t-t_0)} \tag{7-6}$$

式中,t_0 为衰减初期时刻(s);t 为衰减期内任意时刻(s);Q_0 为对应于衰减初期时刻的流量(L/s);Q_t 为对应于 t 时刻的流量(L/s)。

为了建立流量衰减方程式,必须确定各个亚动态的始点流量(Q_{0i})和流量衰减系数(α_i)。将各线段的延长线与 $\lg Q_t$ 轴相交,从而求出各个 $Q_{0i}(i=1,2,3)$,再过折线的各转折点分别向 $\lg Q_t$ 轴及 t 轴作垂线而得 $\lg Q_{ti}(i=1,2,3)$ 及 $t_i(i=1,2,3)$,按下式计算出各亚态的衰减系数 α_i ($i=1,2,3$)。

$$\alpha_i = \frac{\lg Q_i - \lg Q_{i+1}}{0.4343(t_{i+1} - t_i)} \tag{7-7}$$

式中,Q_i 为对应于 t_i 时刻的流量(L/s);Q_{i+1} 为对应于 t_{i+1} 时刻的流量(L/s)。

杨正贻又将"折线式"方程用于泉回升增溢过程,当泉水存在周期性变化特点时,其补给回升过程可用补给回升增溢方程来表示:

$$Q_t = \begin{cases} Q_{04} e^{-a_4 t} & (t_3, t_4) \\ Q_{05} e^{-a_5 t} & (t_4, t_5) \\ Q_{06} e^{-a_6 t} & (t_5, t_0) \end{cases} \tag{7-8}$$

各亚动态补给回升期的增溢系数 $-\alpha_i$ 为:

$$-\alpha_i = \frac{\lg Q_{i+1} - \lg Q_i}{0.4343(t_{i+1} - t_i)} \tag{7-9}$$

当 Q_{01}、Q_{02}、Q_{03}、Q_{04}、Q_{05}、Q_{06} 和相应的 α_1、α_2、α_3、α_4、α_5、α_6 确定以后,按下列模式建立方程:

$$Q_t = \begin{cases} Q_{01}e^{-a_1 t} & (t_0, t_1) \\ Q_{02}e^{-a_2 t} & (t_1, t_2) \\ Q_{03}e^{-a_3 t} & (t_2, t_3) \\ Q_{04}e^{-a_4 t} & (t_3, t_4) \\ Q_{05}e^{-a_5 t} & (t_4, t_5) \\ Q_{06}e^{-a_6 t} & (t_5, t_0) \end{cases} \tag{7-10}$$

表层带岩溶水总储存量($Q_{表}$)等于衰减和增溢的排泄总量,即:

$$Q_{表i} = \int_0^t Q_{0i} e^{-at} dt = Q_{0i}(1-e^{-at})/\alpha \tag{7-11}$$

$$Q_{表} = \sum_{i=1}^{n} Q_{表i} \tag{7-12}$$

1. 表层带岩溶泉的动态和流量特征

由于所选 S_{01} 泉周围植被和土层覆盖较好,因此表层岩溶泉的流量对降水的调蓄作用加强,时间响应相对较为迟缓,动态比较稳定,且形成了四季流水不断的常流泉。以月动态而言,泉水只有一个峰值,出现在 7 月,没有明显的反复起伏的多个峰(图 7-17)。所选 S_{02} 泉周围植被和土层覆盖一般,因此表层岩溶泉的流量对降水的调蓄作用减弱,动态不稳定,且在枯水季节出现断流情况(图 7-18)。

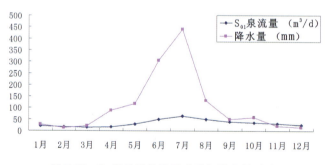

图 7-17 S_{01} 泉月平均流量曲线与降水量对比

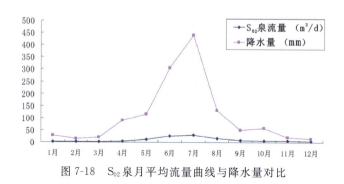

图 7-18 S_{02} 泉月平均流量曲线与降水量对比

采用选定的表层带岩溶泉点一个水文年中枯季流量动态监测资料,绘制泉流量与时间的关系曲线(图 7-19、图 7-20)。

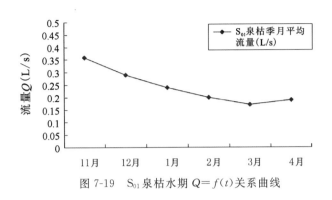

图 7-19 S_{01} 泉枯水期 $Q=f(t)$ 关系曲线

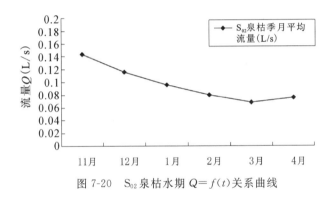

图 7-20 S_{02} 泉枯水期 $Q=f(t)$ 关系曲线

根据该地区多年降水量和流量曲线可知,该地区的枯季可以看作从本年的 11 月到次年的 4 月。根据前面介绍的方法,结合图 7-19 和图 7-20,泉水枯季流量衰减过程划分为 3 个衰减亚期(11—1 月、1—3 月、3—4 月)。

按式(7-7)求出 S_{01} 泉衰减系数 α_1、α_2、α_3 分别为 0.209 1、0.162 5、-0.111 2;S_{02} 泉衰减系数 α_1、α_2、α_3 分别为 0.418、-0.057 1、-0.798 5。

建立 S_{01} 泉衰减方程:

$$Q_t = \begin{cases} 0.442\,6e^{-0.209\,1t} & (11\,\text{月},1\,\text{月}) \\ 0.235\,3e^{-0.162\,5t} & (1\,\text{月},3\,\text{月}) \\ 0.152\,1e^{0.111\,2t} & (3\,\text{月},4\,\text{月}) \end{cases} \qquad (7\text{-}13)$$

建立 S_{02} 泉衰减方程:

$$Q_t = \begin{cases} 0.091\,5e^{-0.418\,1t} & (11\,\text{月},1\,\text{月}) \\ 0.016\,1e^{0.057\,1t} & (1\,\text{月},3\,\text{月}) \\ 0.008\,1e^{0.798\,5t} & (3\,\text{月},4\,\text{月}) \end{cases} \qquad (7\text{-}14)$$

2. 理论曲线与实测曲线拟合

根据上面所建立的衰减方程得到 S_{01} 泉和 S_{02} 泉的理论 Q-t 曲线,将理论曲线与实测曲线进行拟合,拟合结果见图 7-21 和图 7-22。

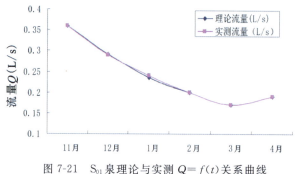

图 7-21 S_{01} 泉理论与实测 $Q=f(t)$ 关系曲线

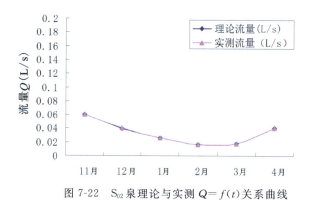

图 7-22 S_{02} 泉理论与实测 $Q=f(t)$ 关系曲线

3. 经验方程检验

偏离数值检验是检验测点偏离关系线的平均偏离值(即平均相对误差)是否在合理范围以内,借以用数据论证关系曲线是否合理。检验方法如下。

设测点与关系曲线的相对偏离值:

$$x_i = \frac{Q_i - Q_{ci}}{Q_{ci}} \quad (i = 1, 2, \cdots, n) \tag{7-15}$$

式中,Q_i 为实测流量(L/s);Q_{ci} 为与 Q_i 同降深下关系曲线上的流量(L/s);$Q_i - Q_{ci}$ 为偏离值(L/s)。

平均相对偏离值(即平均相对系统误差):

$$X = \frac{1}{n} \sum_{i=1}^{n} x_i \tag{7-16}$$

X 的标准差:

$$S_X = \sqrt{\frac{\sum_{i=1}^{n}(x_i - x)^2}{n(n-1)}} \tag{7-17}$$

将 X 与 S_X 进行比较,若 $X < S_X$,则认为关系曲线合理。下面对两个泉点的理论与实测 $Q=f(t)$ 关系曲线进行检验(表 7-3、表 7-4)。

表 7-3 S_{01} 泉曲线偏离值检验表

观测月份(t)	11月	12月	1月	2月	3月	4月
实测流量 Q_i(L/s)	0.36	0.29	0.24	0.2	0.17	0.19
理论流量 Q_{ci}(L/s)	0.359	0.291	0.236	0.2	0.17	0.19
偏离值(L/s)	0.001	−0.001	0.004	0	0	0
符号变化情况	0	1	0	0	0	0
相对偏离值 x_i	0.002	−0.003	0.016	0	0	0
$(x_i - x)^2$	0.000 000 3	0.000 03	0.000 18	0	0	0
$\sum_{i=1}^{n}(x_i - x)^2$	0.000 21					
平均相对偏离值 X	0.002 5					
标准差 S_X	0.002 7					

表 7-3 检验结果为平均相对偏离值 $X<$ 标准差 S_X，故 S_{01} 泉理论与实测 $Q=f(t)$ 关系曲线合理。

表 7-4 S_{02} 泉曲线偏离值检验表

观测月份(t)	11月	12月	1月	2月	3月	4月
实测流量 Q_i(L/s)	0.06	0.04	0.026	0.017	0.018	0.04
理论流量 Q_{ci}(L/s)	0.06	0.039 7	0.026	0.017	0.018	0.04
偏离值(L/s)	0	0.000 3	0	0	0	0
符号变化情况	0	0	0	0	0	0
相对偏离值 x_i	0	0.007 6	0	0	0	0
$(x_i - x)^2$	0.000 002	0.000 04	0.000 002	0.000 002	0.000 002	0.000 002
$\sum_{i=1}^{n}(x_i - x)^2$	0.000 05					
平均相对偏离值 X	0.001 25					
标准差 S_X	0.001 29					

表 7-4 检验结果为平均相对偏离值 $X<$ 标准差 S_X，故 S_{02} 泉理论与实测 $Q=f(t)$ 关系曲线合理。

4. 表层带岩溶泉枯季水资源量评价

由表 7-3 和表 7-4 可知所求得的表层带岩溶泉流量的衰减系数合理，可以根据表层带岩溶水资源量的计算公式(7-13)和公式(7-14)，分别计算各枯季衰减亚期的水资源量，得到 S_{01} 泉的各枯季衰减亚期的水资源量分别为 7 669.64m³、3 123.91m³ 和 1 250.92m³，该表层带岩溶泉观测年枯季水资源量为 12 044.47m³；S_{02} 泉的各枯季衰减亚期的水资源量分别为 1 216.72m³、

264.5m³ 和 96.41m³,该表层带岩溶泉观测年枯季水资源量为 1 577.63m³。

二、储水构造

1. 水动力学法(稳定流、非稳定流)原理

地下水动力学,稳定流 Dupite 公式,非稳定流 Theis 公式最终式:

$$Q = \frac{2\pi KM(H_0 - h_w)}{2.30 \lg \frac{R}{r_w}} \tag{7-18}$$

式中,K 为渗透系数(m/d);M 为含水层厚度(m);H_0 为初始水头(m);h_w 为井水位(m);r_w 为井径(m);Q 为涌水量(m³/d);R 为影响半径(m)。

2. 地下水向承压非完整井稳定运动

承压非完整井:当过滤器上部紧接含水层顶板(或过滤器底部与含水层底板相接),进水段长度小于 1/3 含水层厚度时($l < 1/3H$):

$$K = \frac{0.366Q}{l \times S_w} \lg \frac{1.6l}{r_w} \tag{7-19}$$

式中,K 为渗透系数(m/d);l 为滤水管长度(m);S_w 为降深(m);r_w 为井径(m);Q 为涌水量(m³/d)。

影响半径的计算式如下[3 个经验半经验公式比较,①②③分别适用于承压水(1 个观测孔)、潜水(概略计算)、承压水(概略计算)]:

$$① \lg R = 2.73 \frac{KM(H - H_1)}{Q} + \lg r_w \tag{7-20}$$

$$② R = 2 S_w \sqrt{HK} \tag{7-21}$$

$$③ R = 10 S_w \sqrt{K} \tag{7-22}$$

式(7-20)~式(7-22)中,R 为影响半径(m);K 为渗透系数(m/d);M 为承压含水层厚度(m);H 为初始水位(m);H_1 为抽水后水位(m);S_w 为降深,即 $H - H_1$(m);Q 为涌水量(m³/d);r_w 为井半径(m)。

三、煤矿涌水量预测实例

由于矿区没有水文地质勘探及抽水试验、地下水监测等资料,采用水文地质比拟法进行矿井涌水量预测。

根据矿区提供的现状开采条件涌水量实测资料,采用比拟法估算未开采区域的矿井涌水量。计算数据见表 7-5。

$$Q = Q_1 \times \sqrt{(S_n/S_1)} \times \sqrt{f/f_1} \tag{7-23}$$

式中,Q 为预测矿井涌水量(m³/d);Q_1 为矿井现状实测涌水量(m³/d);f 为矿区开采面积(km²);f_1 为现状矿井实际采区面积(km²);S_n 为预测未来地下水位下降值(m);S_1 为矿区现状水位降深值(m)。

表 7-5　贵阳市白云区金新宏煤矿矿井涌水量估算成果表

井巷控制面积 (km²)		地下水位降深 (m)		实测矿井涌水量 (m³/d)		预测矿井未开采区涌水量(m³/d)	
f_1	f	S_1	S_n	$Q_{1正常}$	$Q_{1雨季}$	$Q_{正常}$	$Q_{雨季}$
0.111 73	1.123 7	82	475	100	160	429	686

根据计算结果,矿井未开采区涌水量为 429～686m³/d,总体上看,矿井涌水量较大,水文地质条件中等—复杂。建议矿山在开采过程中必须坚持"有疑必探,先探后掘",防止发生井巷顶板透水和底板涌水的安全事故。

第七节　岩溶石漠化

一、概述

岩溶石漠化是岩溶地区在脆弱的生态环境条件下,由自然或不合理的人为工程活动导致土层严重流失、植被破坏所引起的基岩逐步裸露、生态退化、地表呈现出荒漠化景观的过程。岩溶石漠化形成和发展的内因是岩溶地质背景,外因是不合理的人为工程活动。

岩溶石漠化是造成山区坡地土壤恶化与流失的决定性因素。岩溶地区普遍存在土质较瘦,覆盖面积薄、植被稀少、且分布不均匀等特征,在暴雨及干旱气候双重因素作用下易于质变和流失,成为典型石漠化现象,继而制约当地经济的发展,并导致生存环境恶化。

岩溶石漠化还是造成生态环境恶化的主要因素,大片的贵州岩溶山地,因地表岩石石质荒漠,形成河流、溪流下潜,河道弯曲,山地得水能力差,植被退化和消失,生态环境脆弱,继而影响人类生存环境。

例如,贵州岩溶山区石漠化现象让全省范围内皆出现不同程度的山地荒漠化和水土流失现象,使生存环境恶化和土地植被退化,造成居民的迁移与贫困化。贵州岩溶石漠化较严重,面积约 35 920km²,约占全省总面积的 20.39%,主要集中分布在长江流域和珠江流域的分水岭地带,包括贵州西部乌蒙山区、黔南的麻山和瑶山地区、黔西南南盘江、北盘江河谷的斜坡地带(王明章,2005),并每年平均以 2% 的速度恶化,绝大部分为中轻度石漠化向重度石漠化发展,形成严重的生态环境恶化现象,影响着当地居民的生存条件,是造成贫困的主要因素。因此必须进行石漠化现象的控制与环境条件的修复。

总之,岩溶石漠化的发生和发展,导致了区内生态环境恶化、生存环境贫困化,严重制约了社会经济的发展。因此,治理并控制石漠化的发展是脱贫的主要措施,也是改善环境的重要举措。基于国家扶贫解困的原则,建立人地适宜的属性关系,治理石漠化具有十分重要的经济和社会现实意义。

二、治理石漠化拟解决的问题

(1)采用科学研究手段,分析石漠化产生的各种因素,尤其是与工农业生产相抵触的因素。

(2)针对黔北石漠化程度的普遍性,分区分程度列出石漠化分布与重度图,并提出相应综合治理意见与措施建议。

(3)对石漠化现象进行综合治理与生态环境修复,拟定修复面积,使此面积的90%以上具有植被生长能力。治理县城与乡镇主要河道,拟定完成河道修复与改造,并在修复的山地面积上完成10余种农作物的生长环境适应与改造。

(4)研究地质作用与石漠化的对比作用,揭示生存环境恶化的奥秘,建立以人地关系为主线的生态适应性环境条件,开发潜在的岩溶景观,充分展示生态环境的社会价值。

(5)研究岩溶山地中水环境演化和地表水体集蓄与保护措施,建立有效的水环境体系,构建适宜的工农业生产格架,变环境恶化为环境优化。

(6)通过综合治理与生态环境修复,探究生态系统的多功能服务体系,建立与岩溶山地可利用和可持续发展对应的资源利用及开发模式,进而创造石漠化山地综合治理与应用的调控路径,为石漠化山地的深层研究提供可信的科学价值。

三、治理石漠化的完成方法与途径

(1)以岩溶山地为依托,建立石漠化分区和重度分布图。采用手段:①系统采集区内岩溶发育特征及岩溶地貌特征资料;②调查区内水土流失区及分布和程度;③调查区内不同程度与条件的水流域生态体系;④调查区内有效土地面积和植被面积,以及相关现状与趋势。

(2)调查研究区内近50年内水文气象资料,以及与之相应的工农业发展状况,建立区内自然条件演化趋势曲线,并对应建立生态环境变化的社会属性。

(3)选择轻、中、重3种状态石漠化典型区,进行为期5年的综合治理手段,以治理的实现资料,建立适宜性的治理措施及方法,并加以推广性研究。具体措施:①修复石漠化山地300 km^2;②完成300 km^2范围内90%以上的植被覆盖;③在修复的300 km^2范围内实验性推广10余种农作物生长及利用。

(4)修复典型区内的小流域生态环境,建立人地相宜的属性关系。具体措施:①修复典型河道100km,并修复相关的生态环境;②改善河道的畅通与水质条件,建立适宜的疏排体系;③部分河道修复渔业生产与生态景观。

(5)编制石漠化修复成果分区图,并进行相关图件解释与推广资料编制。

(6)建立长观石漠化动态特征监测体系,修正逐步修复与保护的措施和方法,建立适宜性生态环境优化体系。

第八章 岩溶塌陷

第一节 概 述

根据中华人民共和国国家标准《岩溶地质术语》(GB/T 12329—1990)中规定,岩溶塌陷(karst collapse)的定义:"在岩溶地区,下部岩体中的洞穴扩大而导致顶板岩体的塌落,或上覆土层中的土洞顶板因自然或人为因素失去平衡产生下沉或塌落的通称。"

岩溶塌陷是地面变形破坏的主要类型,多发生于碳酸盐岩、钙质碎屑岩和盐岩等可溶性岩石分布地区。岩溶塌陷的直接诱因除降雨、洪水、干旱、地震等自然因素外,往往还与抽水、排水、蓄水和其他工程活动等人为因素密切相关,而后者往往规模大、突发性强、危害也就大。

岩溶塌陷给工农业生产和人民生活带来了诸多危害,主要表现在:①造成居民房屋倒塌和财产损失;②破坏主要交通干线;③毁坏农田耕地;④使供水管折断和电线杆倒塌,造成断水断电,严重影响居民的生产和生活;⑤塌陷发生后,地表污水沿塌陷点注入地下水系统,直接污染了地下水;⑥威胁矿山开采安全和矿产资源的开发利用。岩溶塌陷灾害将给人类的生产和生活带来不便,还可能造成重大的经济损失和生态环境的破坏。

岩溶塌陷在贵州省内大部分岩溶区都有分布:从地理位置上看,主要分布在大方—水城—威宁、贵阳—清镇一带,其次分布在遵义、盘县一带。从地貌上看,主要分布在岩溶山原面、岩溶谷地、岩溶盆地、岩溶洼地,如水城的岩溶盆地、遵义的岩溶洼地、贵阳的溶丘台面。岩溶塌陷的分布特征与地质构造、地层岩性的分布密切相关。从构造位置上看,主要分布在北东向和北西向断裂带上,沿可溶岩中的断裂带或主要裂隙交会破碎带,岩层剧烈转折、破碎的地带。从分布的地层上看,主要分布在$\in_1 q$、$C_1 b$、$C_1 d$、$C_2 m$、$P_1 q+m$、$T_1 m(T_1 yn)$、$T_2 g(T_2 y)$等的灰岩地层中,尤其是岩溶强烈发育的纯可溶岩(纯灰岩、纯白云岩)分布,松散盖层较薄(一般5~7m),且以红黏土、黏土为主分布或沿其与非可溶岩的接触地带。这些地带中隐伏岩溶形态(漏斗、溶槽等)较发育,且其中多有软土分布。从分布的环境地质岩组上看,主要分布在碳酸盐岩环境地质岩组,其次是碳酸盐岩与碎屑岩互夹或互层环境地质岩组里,前者占75%,后者占25%。从地下水的补给、径流、排泄条件上看,岩溶塌陷大多发生在岩溶地下水的主径流或岩溶管道上,具有潜水分布的岩溶洼地、谷地、盆地底部,以及岩溶地下水的排泄区、岩溶地下水位埋藏较浅的低洼地带、岩溶地下水位在基岩面上下频繁波动的地带或受排水影响强烈的降落漏斗中心及近侧地段,或者临近河、湖、塘地表水体的近岸地带。

第二节　岩溶塌陷分类

正确的分类既能反映学科发展的水平,又能促进学科的发展。我国岩溶塌陷的分类多以成因和影响因素为依据。根据中国地质调查局《1∶50 000 岩溶塌陷调查规范》(征求意见稿,2014),岩溶塌陷依塌陷的形成时期、可溶岩类型、塌陷诱发因素及塌陷体岩性分类结果见表 8-1。

表 8-1　塌陷综合分类表

分类标志	按形成时期	按可溶岩类型	按成因(诱发因素)类型		塌陷体岩性
			自然塌陷	人为塌陷	
类型	新塌陷(现代) 老塌陷(第四纪) 古塌陷(第四纪前)	碳酸盐岩岩溶塌陷 石膏岩岩溶塌陷 岩盐岩岩溶塌陷 红层岩溶塌陷	暴雨塌陷 干旱塌陷 地震塌陷 重力塌陷	矿山岩溶塌陷 抽水岩溶塌陷 蓄水岩溶塌陷 渗漏岩溶塌陷 荷载岩溶塌陷	土层塌陷 基岩塌陷

根据单一塌坑的大小、塌陷群包含塌陷数量、岩溶塌陷影响范围,可将岩溶塌陷的规模分为大、中、小 3 个等级(表 8-2)。

表 8-2　岩溶塌陷规模分级表

分类指标	类型		
	大型	中型	小型
塌陷坑直径(m)	>50	10~50	<10
塌陷坑数量(个)	>20	5~20	<5
塌陷坑范围(hm^2)	>10	1~10	<1

注:规模分级按就高原则进行。

岩溶塌陷形态特征划分见表 8-3。

表 8-3　岩溶塌陷的形态特征

形态	特征
平面形态	圆形或似圆形 椭圆形 不规则形:一般为多个塌陷坑组成
剖面形态	坛状:口大肚小,塌陷坑壁呈反波状 圆状:塌陷坑壁陡立呈直筒状 碟状:塌陷坑呈平缓凹陷,面积大,深度小,呈碟形 漏斗状:口大底小,塌陷坑壁呈斜坡状,状如漏斗 复合状:老塌陷复活成塌陷在同一地点重复出现,新老塌陷叠加复合而成

第三节 岩溶塌陷形成条件

岩溶塌陷的形成必须具备3个条件：①岩溶化地层，发育溶洞（溶缝或溶隙）或土洞为地下水补-径-排和塌陷物质提供存储场所或通道；②基岩上覆有一定厚度的红黏土层（或完整性差的岩层）；③产生岩溶塌陷的主导因素——致塌（作用）力（潜蚀作用、真空吸蚀、振动论及盖层失托增荷效应等）。

一、空间条件

岩溶是在漫长的地质历史中形成的。洞隙的发育和分布受岩溶发育条件的制约，一般主要沿构造断裂破碎带、褶皱轴部张裂隙发育带、质纯层厚的可溶岩分布地段、与非可溶岩接触地带分布。岩溶的发育程度和岩溶洞穴的开启程度，是决定岩溶地面塌陷的直接因素，可溶岩洞穴和裂隙一方面造成岩体结构的不完整，形成局部的不稳定；另一方面为容纳陷落物质和地下水的强烈运动提供了充分的空间条件。一般情况下，岩溶越发育，溶穴的开启性越好，洞穴的规模越大，则岩溶地面塌陷也越严重。

二、上覆岩土条件

岩溶塌陷是盖层土体在各种致塌因素作用下所产生的塌落现象，松散破碎的盖层是塌陷体的主要组成部分，由基岩构造造成的塌陷体在重力作用下沿溶洞、管道顶板陷落而成的塌陷为基岩塌陷。塌陷体物质主要由第四系松散沉积物所形成的塌陷叫土层塌陷。据国内南方10个省（自治区）统计，土层塌陷占塌陷总数的96.7%。

三、水动力条件

岩溶系统渗流场中地下水动力条件的改变，从某种程度上来讲就是使塌陷产生的作用力，即致塌力。地下水径流集中和强烈的地带，最易产生塌陷，这些地段有：①岩溶地下水的主径流带；②岩溶地下水的（集中）排泄带；③地下水位埋藏浅、变幅大的地带（地段）；④地下水位在基岩面上下频繁波动的地段；⑤双层（上为孔隙、下为岩溶）含水介质分布的地段，或地下水位急剧变化的地段；⑥地下水与地表水转换密切的地段；⑦地下水位急剧变化带，如水库蓄（放）水、井下充水、灌溉渗漏、严重干旱、矿井排水、强烈抽水等；⑧地震、附加荷载、人为排放的酸碱废液的区域，对可溶岩的强烈溶蚀等均可诱发岩溶地面塌陷。

岩溶塌陷的形成是多种因素作用的结果，可简化为图8-1。

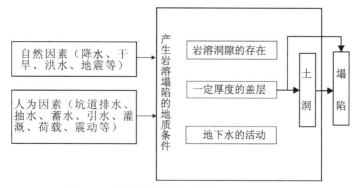

图 8-1 岩溶塌陷形成条件图(据康彦仁,1990)

第四节 岩溶塌陷成因机理

岩溶塌陷按与人类活动关系可以分为自然塌陷和人为塌陷;按塌陷体主要物质成分可分为土体塌陷和岩体塌陷;按成因分类目前尚无统一标准。岩溶塌陷产生的根本原因是盖层的部分岩土体受力失稳破坏,塌陷体受到的致塌力超过抗塌力所致。由于所处的地质环境和引起塌陷的作用不同,塌陷体受力状态不同,产生的力学效应不一样,因此岩溶塌陷有不同的成因机制,形成不同的致塌模式,即岩溶塌陷的形成是多机制的。

康彦仁在《中国南方岩溶塌陷》(1990)中把岩溶塌陷按致塌模式分为潜蚀致塌、重力致塌、吸蚀致塌、冲爆致塌、荷载致塌、根蚀致塌、溶蚀致塌。贺可强等在《中国北方岩溶塌陷》(2005)中把岩溶塌陷按致塌模式分为潜蚀效应、真空吸蚀效应、失托加荷效应、荷载效应、地震效应、渗压效应等。

综合前人研究成果,常见岩溶塌陷按成因机制可分为以下几种:①重力致塌模式;②潜蚀致塌模式;③真空吸蚀致塌模式;④冲爆致塌模式;⑤荷载致塌模式;⑥溶蚀致塌模式;⑦渗压致塌模式(表 8-4)。

表 8-4 岩溶塌陷致塌模式(修改自代群力,1994)

致塌模式		重力致塌	潜蚀致塌	真空吸蚀致塌	冲爆致塌	荷载致塌	溶蚀致塌	渗压致塌
主要诱因		积水、干旱、表(污)水下渗	抽水、矿坑排水、积水、表水下渗	坑道排(突)水、水库放(漏)水	暴雨、洪水、水库蓄水	盖层自重、振动荷载、附加荷载	地表水下渗、易溶盐溶蚀	雨水、地表水入渗
受力情况	致塌力	自重力	自重力、渗透压力	自重力、吸蚀力、扩容力	气压力、水击压力、静水压力	自重力、动荷载、附加应力	自重力、渗透压力	自重力、渗透压力
	抗塌力	抗剪力、内聚力	抗剪力、内聚力	抗剪力、内聚力	自重力、抗剪力、内聚力	抗剪力、内聚力	抗剪力、内聚力	抗剪力、内聚力

第八章　岩溶塌陷

一、重力作用塌陷

1. 地质模型

重力作用塌陷主要产生于地下水位埋藏较深、溶洞土洞发育的地带。坑壁一般陡直,形成于覆盖岩溶区的重力式土层塌陷,有时也呈口小肚大的坑状。重力作用塌陷是基岩塌陷的最重要模式,很多的古塌陷都属这种模式。

2. 塌陷机理

致塌力为自重力,抗塌力为抗剪力和内聚力。当顶板盖层自重大于其抗剪强度时,引起塌陷。顶板为岩层时,若灰岩长期遭受风化溶蚀作用,岩石将变破碎,完整性降低,抗剪强度降低,在重力作用下发生塌陷。

3. 力学模型

地下水位以上,受力状态比较简单。若地下水位保持不变,临界平衡状态时受力主要为土重与土洞上的荷载 q 之和,与土体抗剪力 τ 平衡。如下式:

$$q\pi r^2 + \pi r^2 hr_t = (\sigma_n \tan\varphi + c)\pi rh \tag{8-1}$$

式中,σ_n 为正应力(kPa);r 为土洞半径(m);h 为土洞上土层厚度(m);γ_t 为土的重度(kN/m³);c 为内聚力(kPa);φ 为土体的内摩擦角(°)。

二、潜蚀作用塌陷

1. 地质模型

覆盖型岩溶区都具有双层结构,上覆土层和下伏基岩的渗透系数差异大,其盖层多为粉质黏土、粉砂、细砂、砂及砾石土,分布孔隙水,地下水位频繁升降。

2. 塌陷机理

覆盖岩溶地区土层,地下水位的频繁升降会引起地下水力坡度变化,当其获得的实际水头值(渗透压力)或水力坡度足够大,使土层产生机械潜蚀(管涌)或流土等潜蚀作用,引起土粒流失、冲刷,土层逐渐破坏形成土洞,最终导致塌陷。

3. 力学或数学模型

一般情况下孔隙水与岩溶水联系密切,较难形成水压差,其塌陷机制主要是水位骤降,水力坡度加大,超过其临界水力坡降。由于砂土、砂黏土比砾石的直径小得多,很容易流失,在砾石的上部更容易迅速形成土洞,随着水位的波动,固体土粒来回受剪而强度降低,土层剥落,土洞扩大,直至地表而塌陷。由于内聚力小,塌坑多呈直筒状、漏斗状。当顶层黏土含量较多时,顶层可具较大的内聚力,由于砂粒的内聚力比黏粒小,砂土流失的速度将比黏土大,所以表层以下土层中的砂质部分很快流失,在其下形成土洞,当空洞发展到一定程度时,上层砂黏土可因重力剪切而塌陷。

三、真空吸蚀作用塌陷

1. 地质模型

(1)岩溶地区普遍具有较发育的溶洞、裂隙和岩溶管道,统称岩溶腔。许多岩溶腔在一定环境条件下会形成相互脉状网络结构体即岩溶网络。岩溶腔口一般多开向地表,腔体下部尖灭于地下深处,浅部网络空间结构体是岩溶真空形成和塌陷体最终失稳的场所。

(2)岩溶网络表面或顶部均被隔水性能较好的黏性土覆盖或镶嵌充填,使其下部岩溶网络空间处于相对密封状态,为岩溶腔内真空的形成创造了相对密封条件和塌陷的物质条件。

(3)岩溶网络结构体的中部或下部岩溶腔内赋存着较丰富的地下水,地下水处于承压状态,当采矿排水或开采岩溶水时,地下水在重力作用下迅速排水。

2. 塌陷机理

在封闭较好的岩溶腔中,当负压状态形成后,产生负压扩容、真空吸蚀效应,造成岩土体破坏而引起塌陷的过程和现象,称吸蚀致塌模式。吸蚀作用塌陷关键是要有负压状态的存在而产生真空吸蚀效应。能否在负压下直接形成地面塌陷,与真空腔的大小、真空度的高低关系较大。小的真空腔,低的真空度,一般不至于引起塌陷,只引起土层内部的破坏。吸蚀作用塌陷是在一种特殊条件下产生的,形态以圆形井状、坛状的为多。在相对封闭的承压型溶道内,当排水后水压面刚刚低于其承压顶板时,即承压水转为无压水的瞬间,出现负压"真空腔"。同时真空腔内的地下水面像一只"吸盘",抽吸着上覆土体,促使土颗粒发生流变或被水流液化带走,进而掏空土体形成土洞,直至塌陷。

3. 力学或数学模型

塌陷模型概化与假设:将椭圆形塌坑假设为等效直径为 D 的圆形塌坑;假设开口岩溶洞穴侧壁直立,洞穴跨度为 D';覆盖层土体的破坏符合莫尔-库仑强度准则;开口岩溶洞穴上方覆盖层土体厚度为 h,土洞高度为 h_1,土洞顶板以上盖层土体的厚度 h_2(图8-2)。假设岩溶塌陷发生的整个过程经历了土洞形成、地表桶状塌坑形成、漏斗状塌坑形成3个连续发生的阶段。

根据普氏理论,计算土洞形成时盖层土体天然平衡拱的高度,即土洞的极限平衡高度,从而推算土洞顶板以上盖层土体的厚度。因为地表塌陷坑剖面呈漏斗状,根据图8-2和普氏理论,计算覆盖层底部开口岩溶洞穴直径如下:

$$D' = D - 2a \tag{8-2}$$

图8-2中,$a = h \cdot \tan\beta$,$\beta = 45° - \dfrac{\varphi}{2}$,$\varphi$ 为覆盖层土体的内摩擦角,则:

$$D' = D - 2h \cdot \tan(45° - \dfrac{\varphi}{2}) \tag{8-3}$$

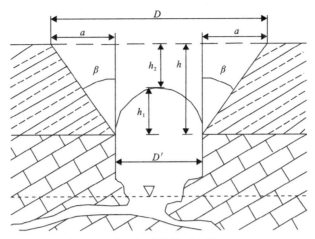

图 8-2 真空吸蚀作用塌陷计算示意图(据王滨等,2011)

在土洞形成时期,盖层土体内部的压力拱仅为开口岩溶洞穴顶板以上盖层土体塌落造成,开口岩溶洞室侧壁不发生滑动破坏,压力拱的跨度等于开口岩溶洞穴的跨度 D,覆盖层土体的坚固性系数为 f_k,根据普氏理论,得平衡拱的高度为:

$$h_1 = \frac{D'}{2f_k} \tag{8-4}$$

因为岩溶塌陷不是线性的洞室,而是平面呈圆形的立体洞室,因此采用普氏理论的经验系数 0.828 对式(8-4)修正,得土洞的极限平衡高度公式为:

$$h_1 = 0.828 \frac{D'}{2f_k} \tag{8-5}$$

则土洞顶板上部覆盖层土体厚度,即土洞顶板至地表的盖层土体的厚度为:

$$h_2 = h - 0.828 \frac{D'}{2f_k}$$

$$h_2 = h - 0.828 \frac{D - 2h \cdot \tan(45° - \frac{\varphi}{2})}{2f_k} \tag{8-6}$$

岩溶塌陷形成时,致塌力主要是盖层土体自重 G 和真空吸蚀形成的负压差 Δp,为均布荷载,方向均为铅直向下,抗塌力主要为盖层土体抗剪强度沿塌陷土柱周边形成的侧壁摩阻力 f,方向为铅直向上(图 8-3),则土洞顶板土体破坏的极限平衡方程为:

$$f = G + \Delta p \cdot \frac{\pi D'^2}{4} \tag{8-7}$$

计算塌陷土柱自重:

$$G = \gamma \frac{\pi D'^2}{4} h_2 \tag{8-8}$$

式中,γ 为覆盖层土体的重度(kN/m³)。

在塌陷土柱任一深度 Z 部位任取一高为 Δz 微圆柱体,由库仑强度理论知该微圆柱体侧面的摩阻力为:

$$\Delta f = \pi D'(k_0 \cdot \gamma \cdot z\tan\varphi + c)\Delta z \tag{8-9}$$

式中,c 为覆盖层土体的凝聚力(kPa);k_0 覆盖层土体的侧压力系数。

沿塌陷土柱深度对 Δf 积分得塌陷体侧摩阻力为:

$$f=\pi D'\left[\frac{k_0 \cdot \gamma \cdot h_2^2}{2}\tan\varphi+ch_2\right] \tag{8-10}$$

将式(8-5)和式(8-10)代入式(8-7)得到土洞顶板破坏的极限平衡公式,即地表桶状塌坑形成的极限平衡公式如下:

$$\gamma \cdot h_2+\Delta p=\frac{4}{D'}\left[\frac{k_0 \cdot \gamma \cdot h_2^2}{2}\tan\varphi+ch_2\right] \tag{8-11}$$

式(8-11)左侧为桶状塌坑形成的致塌力 $F_{致}$,右侧为抗塌力 $F_{抗}$,如果致塌力大于抗塌力,则土洞顶板即平衡拱上部土体发生破坏,形成地表桶状塌坑,所以基于极限平衡理论的桶状塌坑形成的判别式为:

$$\gamma \cdot h_2+\Delta p>\frac{4}{D'}\left[\frac{k_0 \cdot \gamma \cdot h_2^2}{2}\tan\varphi+ch_2\right] \tag{8-12}$$

土洞顶板土体破坏形成地表桶状塌坑后,侧壁直立,任取某一深度为 z 的水平面,分析桶状塌坑侧壁的应力状态,则可以近似把其周围土体应力分布问题近似看作双向受压无限板孔的应力分布问题(图 8-4)。p 为作用于土体上的水平应力,其值为 $k_0 \cdot \gamma \cdot z$,θ 为与水平轴的夹角,b 为桶状塌坑的半径。

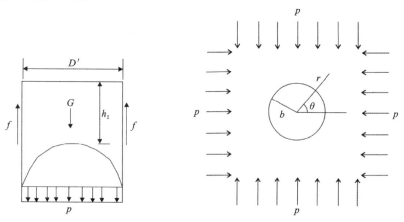

图 8-3 桶状岩溶塌陷受力分析图   图 8-4 塌坑周围土体应力分布示意图

(据王滨,2011)

根据弹性力学理论,采用极坐标求解塌坑周围土体应力:

$$\left.\begin{array}{l}\sigma_r=p\left(1-\dfrac{b^2}{r^2}\right)\\ \sigma_\theta=p\left(1+\dfrac{b^2}{r^2}\right)\\ \sigma_{r\theta}=\tau_{r\theta}=0\end{array}\right\} \tag{8-13}$$

式中,σ_r 为桶状竖直塌坑周围土体中的径向应力;σ_θ 为桶状竖直塌坑周围土体中的切向应力;$\sigma_{r\theta}$ 为桶状竖直塌坑周围土体中的剪切应力。

则当 $r=b$ 时,即在桶状竖直塌坑侧壁产生的应力为:

$$\sigma_r = 0$$
$$\sigma_\theta = 2p = 2k_0 \cdot \gamma \cdot z \quad (8-14)$$
$$\tau_{r\theta} = 0$$

由上可知,在塌陷坑侧壁处,切向应力 σ_θ 最大,径向应力 σ_r 为 0,剪应力 $\tau_{r\theta}$ 为 0,σ_θ 和 σ_r 为最大和最小主应力,即 $\sigma_1 = \sigma_\theta$,$\sigma_3 = \sigma_r$,代入莫尔-库仑理论土体极限平衡公式,得:

$$\sigma_\theta = \sigma_r \cdot \tan^2\left[45° + \frac{\varphi}{2}\right] + 2c \cdot \left[45° + \frac{\varphi}{2}\right] \quad (8-15)$$

将式(8-14)代入式(8-15)得到桶状塌坑竖直侧壁土体破坏的极限平衡公式为:

$$k_0 \cdot \gamma \cdot z = c \cdot \tan\left[45° + \frac{\varphi}{2}\right] \quad (8-16)$$

从而由式(8-16)可以计算出桶状塌坑侧壁直立稳定的临界深度为:

$$h_{\max} = \frac{c \cdot \tan\left[45° + \frac{\varphi}{2}\right]}{k_0 \cdot \gamma} \quad (8-17)$$

如果覆盖层土体的厚度 h 大于 $h_{\max}$,则桶状塌坑侧壁土体将发生剪切破坏,形成漏斗状地表塌坑。因此,桶状塌坑侧壁土体破坏形成漏斗状塌坑的判别式如下:

$$h > \frac{c \cdot \tan\left[45° + \frac{\varphi}{2}\right]}{k_0 \cdot \gamma} \quad (8-18)$$

综合式(8-6)、式(8-11)、式(8-18)得到真空吸蚀作用岩溶塌陷致塌的综合力学判别模型为:

$$\begin{cases} \gamma \cdot h_2 + \Delta p > \dfrac{4}{D'}\left[\dfrac{k_0 \cdot \gamma \cdot h_2^2}{2}\tan\varphi + c'h_2\right] \\ h > \dfrac{c \cdot \tan\left[45° + \dfrac{\varphi}{2}\right]}{k_0 \cdot \gamma} \end{cases} \quad (8-19)$$

四、冲爆作用塌陷

1. 地质模型

冲爆作用塌陷也称气爆作用塌陷。冲爆作用塌陷多出现于地下河的中下游或包气带厚度较大的地段。在相对封闭的岩溶网络地段,雨季地下暗河或岩溶管道中水位暴涨,使岩溶管道中被封闭的气体汇集并受到压缩,形成高压气团。水库建设过程中不合理地封闭通气的落水洞、天窗,也会产生冲爆作用塌陷,影响水库的运营和安全。例如,湖南省慈利县水湖水库封于中三叠统嘉陵江组灰岩之上,堵塞 3 个岩溶洼地中落水洞成库。蓄水后,由地下水引起的强大静水压力和高压气团,产生冲爆作用,在库内冲破堵体,造成 4～5m 高水柱,引起塌陷,后装了排气装置,水库才正常运行。

2. 塌陷机理

冲爆作用塌陷在大降深抽水时,突然停泵地下水位迅速回升,使原来因抽水产生的封闭较好的土洞空间产生高压气团及较大的静水压力,当这种高压气团和静水压力超过土洞顶板的允许强度时,会冲破土体产生爆裂,接着在土层自重及水流作用下引起地面塌陷。例如,贵州省六盘水市水城区来子洞地区有 6 个塌陷就属此作用产生的,塌陷时以爆炸形式发生,当时爆发出一种怪声,同时见有地下水夹杂泥土一起喷出地面,高约 1m,地下水向外溢流 10~20min;贵州省贵阳市石家坟,在钻孔抽水过程中曾发生塌陷多处,但在停抽后,水位迅速恢复时,也有爆炸作用产生一新的塌陷,使土块四处飞溅,并伴随有巨大响声(刘凯栋,1990)。

3. 力学模型

冲爆作用塌陷的受力状态较为复杂,初期主要受向上的冲爆力、正向水压力作用,当高压条件消失后,又受岩土体本身重力及水流的冲刷、搬运作用形成塌陷。冲爆作用塌陷也是在一种特殊环境中产生的。在相对封闭的岩溶通道内,汛期其水位上涨,岩溶通道内的气体受到压缩形成高压气团,当其作用于管道顶板后,强度大于覆盖层强度时,便首先在薄弱部位(如断裂带)产生冲爆,最后导致地裂与塌陷。这是由于岩溶通道内气水压力的交替作用——负压转为正压,破坏了盖层土体结构。

冲爆作用塌陷土层最大安全厚度计算示意图见图 8-5。发生正压气爆塌陷的临界条件为:

$$K_p = (p_y - p_0) - \tau - \gamma_t h \tag{8-20}$$

式中,p_y 为地下空腔中产生的正压力(MPa);p_0 为大气压力(MPa);τ 为土体的抗剪强度(MPa);γ_t 为土的重度(kN/m³);h 为土层厚度(m);$\gamma_t h$ 为土洞上土的自重应力(kN/m²)。

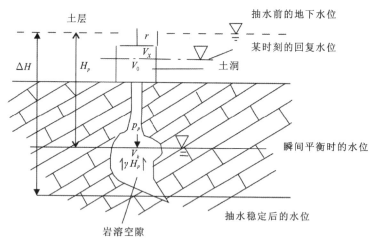

图 8-5 水位恢复时覆盖层最大安全厚度示意图(据程星,2006)

假设水位恢复时,瞬时平衡状态,空腔中产生的气压 p_p 与水位降深所产生的水压 H_p 正好达到平衡。封闭气体变化前后,体积与压力有如下关系:

$$p_1 V_1 = p_x V_x \tag{8-21}$$

式中,$V_1 = V_0 + V_k$(V_0 为土洞体积,V_k 为抽水稳定时水面以上土洞下岩溶空腔的总体积)。

达到瞬时平衡时,$p_x = p_p$,V_p 为平衡时的空腔体积,有:

$$V_p = \frac{p_0}{p_p}(V_0 + V_k) \tag{8-22}$$

$$p_p = \frac{p_0}{V_p}(V_0 + V_k) \tag{8-23}$$

根据平衡条件，$H_p = p_p$，$p_p = p_y$，可得到安全厚度 h：

$$h = \frac{p_0(V_0 + V_k - V_p) - V_p \cdot \tau}{\gamma_t \cdot V_p} \tag{8-24}$$

式中，V_p 为水面瞬间平衡时水面以上的地下空间体积（m^3）；γ_t 为土的重度（kN/m^3）。

如果某地区覆盖层厚度大于 h 时，则不用考虑正压气爆问题。

五、荷载作用塌陷

岩溶地区，下伏的溶洞（缝）或土洞，当其顶部附加荷载强度（自重力、动荷载、附加应力等）超过其允许强度时，引发的洞顶塌陷。

荷载塌陷的地质模型、机理、力学模型类似重力作用塌陷。

六、溶蚀作用塌陷

1. 地质模型

在含可溶岩成分较高的土层中或一些蒸发岩地区，地下水（包括排放的酸碱废液）的溶蚀分解作用使地下溶洞扩大或解散土体，造成岩土体破坏，最后在岩土体自重作用下导致的塌陷。大量带酸性的工业废水和生活污水排入地下，在各种酸性离子作用下，地下空腔中的溶蚀作用增强，从而产生塌陷（苏维词，1998）。

2. 塌陷机理

溶蚀作用是形成塌陷的前提，首先是含有各种酸（如 H_2SO_4、HCl 等）的废水排入地下后，会促进 $CaCO_3$ 的溶解：

$$CaCO_3 + H_2SO_4 \longrightarrow CaSO_4 + H_2O + CO_2$$
$$CaCO_3 + 2HCl \longrightarrow CaCl_2 + H_2O + CO_2$$
$$CaCO_3 + 2HNO_3 \longrightarrow Ca(NO_3)_2 + H_2O + CO_2$$

其次是污水中的一些化合物（如 H_2S，NH_3 等）经过氧化作用后形成酸，增强了污水中的酸性，从而加剧了 $CaCO_3$ 的溶解，形成地下空腔。

$$2H_2S + O_2 \longrightarrow 2H_2O + 2S$$
$$2S + 3O_2 + 2H_2O \longrightarrow 2H_2SO_4$$
$$CaCO_3 + H_2SO_4 \longrightarrow CaSO_4 + H_2O + CO_2$$
$$2NH_3 + 3O_2 \longrightarrow 2HNO_2 + 2H_2O$$
$$2HNO_2 + O_2 \longrightarrow 2HNO_3$$
$$CaCO_3 + 2H_2NO_3 \longrightarrow Ca(NO_3)_2 + H_2O + CO_2$$

七、混合作用塌陷

混合作用是以上 6 种模式中 2 种或 2 种以上共同作用的结果，作用机理更为复杂。岩溶塌陷的形成是多因素共同作用下多机制的变形破坏,具有不同地质环境背景和自然地理条件的塌陷,受力状态不同,即致塌力及诱发因素等存在一定的差异,产生的力学效应也不一样,形成塌陷的机制就有差异,因而有不同的致塌模式存在。

1. 地质模型

覆盖型岩溶区,上覆土层多层且较厚,下伏碳酸盐岩岩溶发育,主要为溶洞、溶蚀裂隙,且为2层以上空洞。

2. 塌陷机理

如潜蚀-重力致塌模式,它的形成机制主要是在地下水的潜蚀作用下,在上覆盖层中形成土洞,随着潜蚀作用的不断进行,土洞逐渐发展扩大,当有其他因素诱发时,土洞顶部逐渐失稳产生变形。同时,降水入渗后,上覆土体饱水,土体重度增加,自重变大。此外,土体饱水后,物理力学性质强度降低,抗塌力减小,当致塌力大于土拱的抗塌力时,即产生岩溶塌陷。

3. 力学模型或数学模型

塌陷体受力平衡时的力学关系式为:

$$\frac{G+G_w+F_s}{F+c+F_w}=1 \tag{8-25}$$

式中,G 为盖层土的重力(N/m^2);G_w 为塌陷产生时土体孔隙中水的重力(N/m^2);F_s 为降水入渗垂直渗透力(N/m^2);F 为土的摩擦阻力(N/m^2);c 为土的内聚力(N/m^2);F_w 为地下水的浮托力(N/m^2)。

导致岩溶塌陷产生的动力作用及其作用机制主要为地下水渗流潜蚀效应和岩土体自身重力效应。

第五节 岩溶塌陷的防治

一、岩溶塌陷防治思路

根据塌陷的特征、性质、发展及演化特征,制订科学的、可操作的、针对性强的及有效的防治措施,从而最大程度消除岩溶塌陷灾害本身对当地居民生命财产的威胁,同时又做到经济节约。当塌陷灾害的危害降低到最低程度时,环境将向着良性循环发展,变得越来越有利于当地居民生存和发展,而当地居民也能更有效地利用资源,促进当地经济的蓬勃发展。结合当地城镇规划及土地资源再利用,考虑到塌陷回填和土地复垦能最大程度消除塌陷对居民生产生活的影响,也有利于增加基本耕地面积和农田水利。

二、岩溶塌陷的预防与监测预报

1. 岩溶塌陷的预防

岩溶塌陷采取的预防措施:①做好地面排水,控制地表水体泄水方向,使汇入塌陷坑的地表水顺利汇入地下岩溶空间；②结合勘察资料，对较大隐伏洞穴发育处，采取结构物跨越；③对长期受塌陷变形影响，已出现明显破坏的地方进行修复；④各类工程建设尽量避开塌陷易发地段地下水主径流带；⑤建立有效简便的岩溶塌陷监测网。

2. 岩溶塌陷的监测预报

岩溶塌陷的主要前兆是土体流失，土洞增大，从而使土体下部失去支撑力，导致上部土体失去平衡，地表出现位移和沉降，产生地裂缝。岩溶塌陷监测预警工作采用GPS技术，主要观测各监测点垂直方向的位移。监测工作的重点区域是地下岩溶空间发育但未发生塌陷的居民集中区及学校、政府机关等，监测点主要布置于未实施搬迁避让且有较大可能发生岩溶塌陷地质灾害的区段。监测最短以月为周期，须逐月记录监测点的垂向位移，如发现个别监测点沉降变形加快，应缩小监测周期。监测人员每月按实记录监测点变形情况，并结合地表变形对监测工作提出增减建议。为保证预警工作的有效性，如实记录各监测点变形数据，并编制详细的预警方案，各监测点一个检测周期沉降变形在10cm以上，或检测年度总沉降量在10cm以上时，应及时实施预警方案。

三、岩溶塌陷治理措施

1. 控水措施

为防止地表水进入塌陷区，在塌陷区周边修建排水沟。对漏水的塌陷洞隙采用黏土或水泥灌注填实。

2. 地下加固措施

地下工程加固措施能够预防地下水的活动导致新塌陷，对处理土洞及向上开口的岩溶洞隙具有重要作用。常用的工程加固措施：①清除填堵法，先清除埋藏较浅的土洞或相对较浅的塌陷坑中的松土，后填入碎石、块石形成反滤层，并在其上覆盖黏土后夯实；②跨越法，对于较大的塌陷坑，如若进行开挖回填比较困难，一般将两端支承于坚固岩土体上，采用梁板跨越；③强夯法，在土层厚度较薄、地势平坦的区域，采用强夯砸实土层以消除土洞并增强土体强度；④灌注填充法，对埋藏较深的溶洞，通过钻孔将灌注材料（水泥、碎料和速凝剂等）注入，以充填岩溶空隙或阻隔地下水流，达到加固建筑物地基的目的；⑤深基础法，对于一些深度较大的土洞和塌陷坑，无法采用跨越法，通常运用桩基工程，将上部荷载传递至基岩上。

3. 修复工程及土地复垦工程

为最大程度消除灾害对居民生产生活的影响，亦充分考虑今后的城镇规划，并增加基本耕地面积和农田水利，对塌陷灾害区进行修复和土地复垦工程是较好的选择，且该措施具有较好的可操作性和合理性。

第九章　岩溶水库渗漏

在岩溶地区修建储水和输水等建筑物（如水库），水体可能沿其岩溶通道向周边产生渗漏，有时会严重影响工程的正常使用。岩溶渗漏问题是水利水电工程中的主要工程地质问题之一。这里以水库渗漏为例介绍渗漏的一些基本问题。

第一节　渗漏的形式

岩溶区水库渗漏的条件复杂，不同的分类方法有不同的类型。根据前人的研究，归纳出以下几种渗漏形式。

(1) 按渗漏通道分类：裂隙分散渗漏、管道集中渗漏。

(2) 按库水漏失的特点分类：暂时性渗漏、永久性渗漏。暂时性渗漏：包气带的洞、隙消耗的水量一旦饱和，渗漏停止。永久性渗漏：库水不断地通过岩溶通道向下伏河谷、邻谷、低地等处流失。

(3) 按渗漏部位分类：绕坝渗漏、邻谷渗漏。绕坝渗漏：坝区。邻谷渗漏：库区。

第二节　岩溶渗漏条件与评价

岩溶水库渗漏与库区周围的地质结构、岩性、第四纪覆盖层、岩溶发育程度等因素有关。归纳起来渗漏的条件主要有库底隐伏岩溶的渗漏、库内伸向库外的断层渗漏、邻谷渗漏、塌陷型渗漏、河湾岩溶渗漏等。

一、库底隐伏岩溶的渗漏

库底隐伏岩溶的渗漏，往往是在100m深度范围以内的灰岩层位中的岩溶，因为埋深不大，在水库水头压力下，易将隔水层或砂砾冲击层击穿，沿一些断层或裂隙与下伏灰岩联通，库水由隐伏岩溶通道流向库外。如贵州省贞丰县纳山岗水库，库底为10m后的页岩泥灰岩互层，蓄水1年后发现渗漏量逐渐增大，达到$0.5m^3/s$。后经查明10m厚的页岩泥灰岩被击穿形成直径0.5m的洞穴。库水通过这些管道与下伏灰岩联系，产生渗漏通道，流出库外。渗漏通道位于右岸，后经过灌浆处理，停止渗漏。

二、库内伸向库外的断层渗漏

从库内伸向库外的断层渗漏，由于断层的作用，库内可溶岩与库外可溶岩接触，形成库水渗漏的缺口。这类例子不少,如土耳其克班坝,在左岸帷幕之外、之下,通过克班灰岩岩溶管道,沿贝泽尔格断层向下游支流渗漏,漏水量达 $3\sim3.5m^3/s$。

三、邻谷渗漏

当水库附近存在比库水位低的河流,且水库与该河流之间存在渗漏通道,这种类型的水库将可能形成邻谷渗漏。如云南的浑水河地区,地势由西北向南东降低,在降低方向平行排列三条支流,这些支流均为一侧接受地下补给而另一侧又补给较低的邻谷,在这里水库容易造成邻谷渗漏。

四、塌陷型渗漏

塌陷型渗漏多发生在以盆地或坡立谷为库盆的水库中,在峡谷型的水库较为少见。我国岩溶区塌陷导致渗漏的水库不少,最严重的是陕西沮水河下游的桃曲坡水库。该水库大坝为高61m的均质土坝,坝体处于一背斜北西翼,岩层倾向上游,倾角15°~30°,库首300m范围内为中奥陶统灰岩,300m以外为上石炭统和下二叠统的砂页岩,组成库区的基底。水库修建完工蓄水后发现漏水,蓄水深12m时,漏水量达 $0.7m^3/s$,放空水库进行处理,发现坝前有6个塌陷坑,直径2~3m,深1~1.5m,每个坑下灰岩中均有溶蚀漏斗和溶蚀裂隙,采用填堵和铺盖处理。

五、河湾岩溶渗漏

河湾岩溶渗漏取决于河湾规模和河湾地貌特点。如果河流曲率大,连续弯曲,弦向长度在4km以内,渗漏很难避免。但并非所有的河湾岩溶都将产生渗漏,渗漏程度还要取决于河湾的构造和岩性条件。如贵州猫跳河梯级开发的6个水电站中,有3个河湾岩溶水库,即三级、四级、六级水库。但只有四级水库产生了河湾渗漏。四级水库位于修文背斜西部坪寨向斜南部的转折端,左岸构造极为复杂,坝址位于一个河湾的下游段。坝后出现了4个渗漏带,右岸1个,坝基1个,左岸2个。右岸和坝基的渗漏量较小,左岸2个为弦向的集中径流带。

六、渗漏评价

岩溶水库渗漏评价的主要内容:是否漏水、漏水去向、渗漏形式、渗漏的严重程度及可靠的防渗处理措施等。

第三节 岩溶渗漏勘察

岩溶区水库渗漏勘察与非岩溶区的不同之处在于,前者不仅要对各种基础地质条件进行勘察,还要围绕岩溶发育和河谷水文地质条件进行勘察。

一、查明基础地质条件

岩溶区基础地质条件包括地层组合(主要是碳酸盐岩地层)与地质构造。地层组合是弄清岩溶发育规律和岩溶水文地质条件的基础,地质构造与河流地貌的组合关系是决定岩溶渗漏的关键。通过地质构造与地貌关系的分析,可以判断不同结构面的导水性,从而寻找地下水运动和岩溶发育的优势方向。

1. 地层组合

当地层组合关系为可溶岩岩层夹非可溶岩岩层时,可借助非可溶岩岩层防止渗透。

2. 地质构造

(1)褶皱。纵向谷是指河流的流向与褶皱的轴向平行的河谷(图9-1);横向谷是指河流的流向与褶皱的轴向垂直的河谷(图9-2);斜交谷是指河流的流向与褶皱的轴向既不平行也不垂直的河谷。

当河谷为纵向谷时,水库是否产生渗漏还与岩性和产状有关。如图9-1所示,河谷为纵向谷,褶皱为向斜,泥页岩隔水层起到封闭作用,库水不会向邻谷渗漏;如图9-3所示,河谷为纵向谷,褶皱为背斜,灰岩地层产状较缓,库水沿岩溶通道向邻谷渗漏;如图9-4所示,河谷为纵向谷,褶皱为背斜,灰岩地层产状较陡,库水不会由岩溶通道向邻谷渗漏。当河谷为横向谷,岩层产生褶皱,无论是背斜还是向斜都不利于库区防渗,对于坝址区充分利用隔水层可能防止坝区渗漏。当河谷为斜交谷,水库是否产生渗漏要根据岩层组合、产状、褶皱情况具体分析。

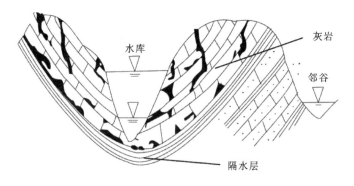

图9-1 纵向谷

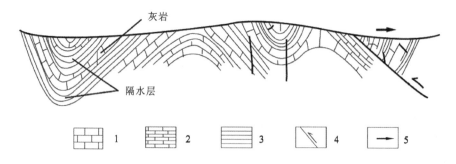

1.厚层状灰岩;2.薄层状灰岩;3.页岩(隔水层);4.逆断层;5.走向

图9-2 横向谷

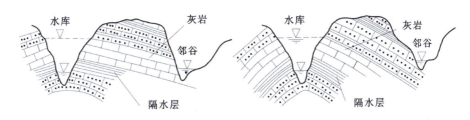

图 9-3　纵向谷(渗漏)　　　　　图 9-4　纵向谷(不渗漏)

(2)断层。断层对水库的渗漏影响要具体分析,既可以防渗,也可以成为渗漏通道。如图 9-5 所示,断层的错动使非岩溶地层与可溶岩搭接,形成良好隔水边界,阻止水库向邻谷的渗漏;如图 9-6 所示,断层的错动破坏了良好的隔水边界,形成水库向邻谷的渗漏通道,水库渗漏。

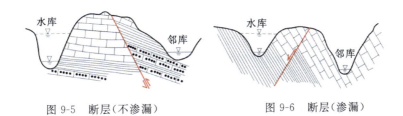

图 9-5　断层(不渗漏)　　　　　图 9-6　断层(渗漏)

(3)岩体侵入。当相邻河谷之间存在侵入岩体时,要根据侵入岩体的相对位置判断水库是否产生渗漏。如图 9-7 所示,相邻河谷之间的侵入岩体相对隔水,起到较好的隔水作用,水库不会渗漏。

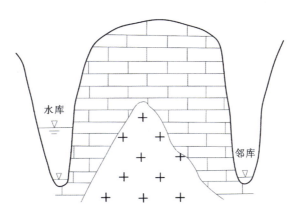

图 9-7　侵入岩体(不渗漏)

二、查明岩溶发育与分布规律

重点查明溶洞、暗河的展布位置和规模等,进行岩溶泉水流量、高程调查,确定通道的位置及可能影响程度。

采用的手段包括地面调查、地球物理勘探、连通试验、钻探等。

三、查明河谷区水文地质条件

为了查明河谷区的水文地质条件,可将河谷分为补给型、排泄型、悬托型 3 种类型(表 9-1)。不同河谷类型对岩溶区水库的渗漏具有重要的影响。

表 9-1 河谷类型表

类型		水动力条件示意图	特征
补给型			河谷两岸地下水位高于河水位,与邻谷间存在地下水分水岭。谷坡地段岩溶发育,岩层透水性强,地下水水力坡度 5‰~10‰,近岸带坡降仅 1‰~3‰
排泄型	双排泄型		有低邻谷,无地下分水岭,岩溶强烈,渗漏大
	局部双排泄		裂点上游向下游绕渗,两侧有低槽,岩溶管道渗漏低槽以外岩溶强度减弱,水位抬升
	单排泄型		一侧有低邻谷,无地下水分水岭岩溶渗漏
	局部单排泄		河湾地段一岸有向下游渗漏低槽
悬托型			河水受覆盖层的衬托,悬托于地下水面之上,河水越流向地下水缓慢排泄,补给地下水(地下水位埋藏深),地下水向低邻谷或下游排泄

1. 补给型(地下水补给河水)

这一类河谷的河间地段存在地下分水岭。地下水补给河水,一般情况下不会产生持久性的渗漏而影响水库的使用。如贵州乌江水电站属于这一类型,坝高 165m。在研究深部岩溶带的渗漏时,应用氚分析技术得到,存在深岩溶渗漏带,但渗漏量很小,不会影响水电站的正常使用。同样湖北清江水电站也属于这一类型的地下动力条件。为确定贵州乌江水电站地下分水岭位置和评价其渗漏,应用了水化学方法,最后证实了地下分水岭的位置,不会产生严重的渗漏。

2. 排泄型

贵州猫跳河四级电站属于这一类型,两岸地下水位低于河水位 14～18m,造成河水补给地下水。水库修建完储水后发现有渗漏,渗漏量为 20m³/s。经查明为管道性渗漏,经防渗堵漏处理后,渗漏量减少为 2m³/s。

3. 悬托型

悬托型是一种严重渗漏型,能否在其上修建水坝建库,取决于覆盖层透水性和抗潜蚀破坏的能力(贵州猛登水库属于此类型),如漆水河羊毛湾水库地下水位低于河床 80 多米,库坝区为第三纪(古近纪+新近纪)红土层,厚 4～8m,渗透系数 0.1～0.22m/d,因河流的侵蚀,红土层局部地段缺失而形成渗漏,下游约 10km 处干涸多年的泉水再现,经防渗处理,加上库内泥沙的自然淤积,水库才得以正常运行。

第四节 岩溶渗漏的防治措施

岩溶渗漏的防治措施归纳起来有 2 个方面:一是降低岩体透水性;二是封堵渗漏通道。常用灌浆、铺盖、堵和截等措施。

(1)灌浆:通过钻孔向岩体灌注水泥、沥青、黏土等浆液,充填裂隙、洞穴,降低岩体的透水性,形成防渗墙,达到防渗目的。

(2)铺盖:在地表水(如库水)入渗地层(如坝上伏)铺设一定高度的黏土等隔水层,阻止水体向地下入渗。

(3)堵和截:用块石、混凝土等材料对规模较大的渗漏通道进行填塞封堵,截断水流。

由于岩溶洞体循环于水位变动与无水饱气等复杂状态,有时封堵不当,在洪水期水位突然上升情况下,形成较高的水气压力,或水位下降形成负压,即可能对堵体及洞体产生破坏作用,形成塌陷等,从而加剧渗漏作用。对此,常常还可以采取疏导措施。

第五节 岩溶地基稳定性

在岩溶地基上进行建设时,由于荷载等原因,产生地基塌陷破坏或失稳,这便是岩溶地质稳定性问题。

一、变形破坏的主要形式

(1)地表塌陷:地基受力层范围内,存在较大的空洞(如溶洞)。在自然条件下或建筑荷载作用下,产生洞体坍塌,引发地面塌陷而导致建筑物破坏。

(2)地基承载力不足:(或不均匀塌陷)覆盖岩溶区,因覆盖层强度较低,不能满足建筑荷载要求而出现破坏或沉降不均匀导致建筑破坏(图 9-8)。

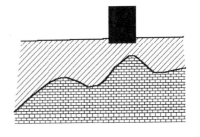

图 9-8 覆盖型岩溶地基

(3)地基滑动:较大的溶沟、溶洞等形成临空面,向临空面产生的滑动现象(图9-9和图9-10)。

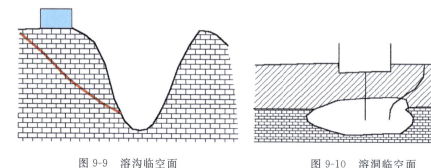

图 9-9 溶沟临空面　　　　　图 9-10 溶洞临空面

二、地基塌陷的成因

形成地基塌陷的原因很多,如潜蚀、真空吸蚀、振动、土体软化、建筑荷载等,目前人们的认识尚不一致。当地质条件组合不同,产生地基塌陷的原因不同,也可能是以一种原因为主导,多种因素综合作用的结果。

1. 潜蚀作用

潜蚀论是1898年由俄国学者巴甫洛夫提出的,在国内外地质界长期被接受并加以应用。

在覆盖型岩溶区,下伏存在溶蚀空洞,地下水经覆盖层向空洞渗流(或地下水位下降时,水力梯度增大)。在一定的水压力作用下,地下水对土体或空隙中的充填物进行冲蚀、掏空。从而在洞体顶板处的土体开始形成土洞,随着土洞的不断扩大,最终引发洞顶塌落。当土层较厚或有一定深度时,可以形成塌落拱而维持上伏土层的整体稳定。当土层较薄时,土洞不能形成平衡。

据太沙基公式:

$$I_p = (\gamma_s - 1)(1 - n) \tag{9-1}$$

式中,I_p 为临界水力梯度;γ_s 为土颗粒密度(g/cm³);n 为土体的孔隙度。

据达西公式和动能公式,地下水侧向流时的动能:

$$F_H = \frac{1}{2} M u^2 = \frac{1}{2} M \left(\frac{K}{n} I\right)^2 = \frac{M K^2 I^2}{2 n^2} \tag{9-2}$$

式中,F_H 为地下水动能(kg·m²·d⁻²);M 为水的质量(kg);K 为渗透系数(m/d);I 为水力梯度;n 为岩土体的孔隙度;u 为渗流速度(m/d)。

2. 真空吸蚀效应

真空吸蚀论是由徐卫国等(1979)提出的,国内也普遍接受这一论点。

岩溶网络的封闭空腔(溶洞或土洞)中,当地下水位大幅度下降到空腔盖层底面下时,地下水由承压转为无压,空腔上部便形成低气压状态的真空,产生抽吸力,吸蚀顶板的土颗粒。同时内外压作用,覆盖层表面出现一种"冲压"作用,从而加速土体破坏。

真空吸蚀产生下列3种作用:吸盘吸蚀作用、空腔吸蚀作用、潋吸漏斗吸蚀作用。

自然地质环境中,很难具备封闭的岩溶空腔条件。真空吸蚀的极限是一个大气压,真空吸蚀力不大，一旦塌陷发生，封闭状态被破坏，在一次塌陷发生的中后期，则不可能连续发生塌陷，这与许多事例不符；一旦发生漩吸漏斗吸蚀作用，则不存在真空吸蚀，因此时盖层已被破坏，真空吸蚀同样难以解释同步塌陷。

3. 压强差效应

压强差是指岩溶空腔与松散介质（或土洞）接触面上下侧水、气流体，因岩溶管道水位变化而产生相应的压强差值。

4. 自重效应

雨水入渗后，盖层饱和容重比干容重一般增加30%～40%，使土拱承受更大的重量，导致塌陷。

5. 浮力效应

岩土体位于地下水位之中，当地下水位下降时，除产生压强差效应外，土体的浮托力也随之减小，产生塌陷。

6. 土体强度效应

土体吸水饱和后，土体抗剪强度降低，土拱抗塌力减小，产生塌陷。

7. 其他效应

其他效应包括振动效应、荷载效应、酸液效应、人为活动。人为活动诱发的地基塌陷较多，其中最多的是由抽水引起的地基塌陷。抽水诱发地基塌陷过程如图9-11所示。

岩溶地基塌陷的主要条件如下。

(1) 覆盖层厚度。覆盖层薄，易于塌陷且形成时间短；覆盖层厚，不易塌陷或形成时间相对较长。90%的塌陷出现在覆盖层厚度小于10m，厚度大于30m者很少产生塌陷。

(2) 水的作用。地基塌陷常常因为地下水位下降或降雨期间产生，出现于降落漏斗中心位置，土体含水量达60%以上的状态。

(3) 土质条件。砂性土比黏性土易于塌陷，结构越松散土体越软，越易塌陷且速度越快。

(4) 溶蚀空间。覆盖层下有较大的溶蚀空间，是形成塌陷的有利条件。

三、塌陷地基稳定性评价

岩溶地基是否产生塌陷，需在查明岩溶发育分布特征、覆盖层厚度及荷载作用等条件后，进行稳定性评价。一般可根据如下情况作出定性评价。

(1) 在地基受压层范围内，当下部基岩面起伏较大，而上部又有一定厚度软土层时，应考虑地基的不均匀沉陷问题。

(2) 基础砌置于基岩上，且附近存在溶蚀空腔体时，应考虑地基沿溶蚀空腔体的临空面滑动的可能性。

(3) 基础底板以下土层厚度大于地基压缩层计算深度，同时又不具备水动力变化条件时，

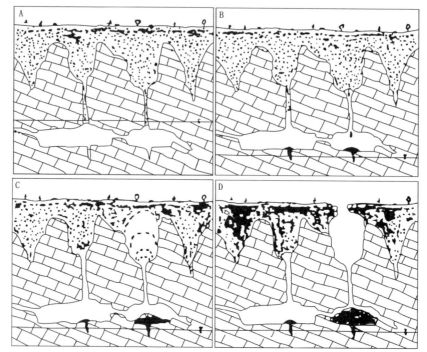

A.水位下降前的平衡状态;B.水位开始下降,随着水位的下降,溶蚀通道中的充填物向下运动,使通道被排空,出现活跃的地下侵蚀(潜蚀进入开阔的洞穴);C.洞穴的顶部逐渐坍陷,开始出现拱顶,可能短期内受钙化砾石层的抑制;D.最后的拱顶坍陷,形成了被同心球状张裂缝包围的落水洞

图 9-11 抽水诱发地基塌陷过程示意图

可以不考虑地基稳定性问题。反之,应视具体情况对覆盖层以下洞体特性作出评价。

(4)在地基受压层内,当洞体尺寸大于基础尺寸,顶板厚度小于洞跨,岩性破碎时,应考虑为不稳定溶洞。

(5)对于3层及3层以下的一般性建筑物,无特重荷载等特征要求时,可不考虑溶洞对地基稳定性影响。

结合岩溶地基稳定性分析评价,应作出定量计算评价。目前为止,评价的理论方法尚不成熟,原则上可以分如下两种情况考虑。

1. 覆盖型岩溶区

覆盖型岩溶区计算模式见图 9-12,极限状态时:

$$H_k = h + Z + D \tag{9-3}$$

式中,H_k 为极限状态时上覆土层的厚度;h 为土洞塌陷至天然平衡拱的高度;D 为基础砌置深度;Z 为基础底板以下建筑荷载的有效影响深度。

当 $H > H_k$ 时,地基稳定;当 $H < H_k$ 时,地基不稳定,是建筑荷载和土洞共同作用的结果;当 $H < h$ 时,仅土洞的发展就可导致地表塌陷。

h 的高度按普氏理论确定:b 为洞顶宽度的一半;f 为土的坚固性系数。

$$h = \frac{b}{f} \tag{9-4}$$

式中，$f = \dfrac{\sigma_V \tan\varphi + c}{\sigma_V}$（黏性土）；$f = \tan\varphi$（非黏性土）

2. 裸露型岩溶区

裸露型岩溶区计算模式见图 9-13，假设基础以下存在溶洞，简单地按顶板塌陷堵塞法估算评价地基塌陷稳定性对建筑物的影响。

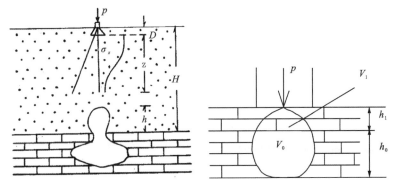

图 9-12　覆盖型岩溶区计算模型图　　图 9-13　裸露型岩溶区计算模型图

假设洞体体积为 V_0，产生塌陷部分的体积为 V_1。V_1 的计算根据地质条件评估可能产生塌落的形状。

柱体：
$$V_1 = F \cdot h_1 \tag{9-5}$$

棱锥体：
$$V_1 = \frac{1}{3} F \cdot h_1 \tag{9-6}$$

式中，F 为塌落体底面积。

假设塌陷发生后，塌落部分完全填塞所有空间，便有：
$$V_1 \cdot K = V_0 + V_1 \tag{9-7}$$

式中，K 为膨胀系数，一般可取 1.2。

粗略估算时假设：
$$V_0 = F \cdot h_0$$

便有，塌落锥体：
$$h_1 = \frac{3h_0}{K-1} = 15 h_0 \tag{9-8}$$

塌落柱体：
$$h_1 = \frac{h_0}{K-1} = 5 h_0 \tag{9-9}$$

判断：当基础底板距洞顶顶板距离 $h < 15 h_0$（或 $5 h_0$）时，认为存在塌落对基础的影响。

四、岩溶地基的处理措施

当岩溶地基不能满足要求时,必须进行处理。根据实际情况可考虑选择如下措施。
(1)挖填:浅埋洞体,可挖除软弱充填物,回填强度高的土石体。
(2)跨盖:当基础下有小溶洞时,可以采用梁板跨越或柱支架的办法保证基础稳定性。
(3)灌浆加固:对于洞体埋深较大且洞体较小时,可采用钻孔灌浆的办法堵填洞穴。
(4)夯实:对于有覆盖层的岩溶地基,且覆盖层厚度较大时,可采用夯实处理。
此外,还可以改变基础形式,如桩基础,或采取绕避等措施。

第六节　岩溶分析方法与探测

在岩溶区的工程地质分析方法及岩溶探测技术方面,目前国内主要采用以下方法或手段。

(1)工程地质调查与测绘:包括岩溶地形地貌调查、地层岩性、水文地质调查、测量及试验等内容的野外调查,是最简单、最直接的方法,能够从宏观上把握岩溶发育的分布和特点,并据此可进一步进行工程地质勘探工作。

(2)地球物理勘探:适用于对岩体中复杂的岩溶洞穴进行探测,除了电阻率(电剖面和电测深)法、高密度电法、无线电波透射法、地面地震反射波法、声波透射法、微重力法、射气测量等以外。20世纪80年代以后发展起来的探地雷达GPR(地质雷达)、层析成像(CT)技术等在岩溶工程地质勘察中得到了广泛的应用,尤其是在确定岩溶溶洞、土洞及塌陷等的分布、形态和充填情况时,发挥了很大的作用。针对岩溶塌陷的形成机理复杂,其发生具有突发性和隐蔽性。采用监测地面沉降、地面和房屋开裂的方法来监测塌陷,效果不好,而采用地质雷达等直接监测和岩溶管道系统中水(气)压力的动态变化传感器自动监测的间接监测技术来监测塌陷则能取得较好的效果。2004年,美国Technos地质与地球物理咨询公司总结了1971年以来从事地球物理勘探的经验,就隐伏岩溶问题,他们认为首选方法是地震面波、地质雷达和微重力法,其次是地震折射波、地震反射波法、电阻率成像、天然电场、频率域电磁法等。

(3)遥感技术:地球资源卫星遥感(MSS、TM、SPOT)、航空遥感、热红外遥感、侧视雷达遥感等具有调查面积大、重复性好等特点,在20世纪70年代引进我国以后,对于研究岩溶地貌形态、岩溶层组划分、地质构造等都取得了较好的效果,被广泛应用于岩溶地区的工程地质勘察工作。

(4)工程地质原位测试技术:主要采用原位标准贯入试验、动力触探试验等测定溶洞和土洞中充填物、岩溶塌陷堆积物的工程地质性质和地基土承载力。

(5)示踪试验:用示踪剂(荧光染料等)进行岩溶地下水联通试验及长期观测的研究,查明岩溶的发育程度和溶洞相互连通、分布情况。该方法简单实用,方便可靠。

(6)灰色系统分析和模糊综合分析法:灰色系统理论是基于因素之间发展势态的相似性或相异性,来衡量因素的关联程度,它能处理外延明确但内涵不明确的对象,因而可以进行预测;模糊综合分析主要用来研究岩溶塌陷,以研究区地质环境条件大系统为背景,以研究塌陷环境条件影响和作用为主体,通过对塌陷产生的致塌因素和抗塌因素系统分析,最终对塌陷程度作出综合评判,并进行塌陷强弱性分区及动态分析,进而对未来塌陷趋势作出预测和评估。

(7)岩溶浸没的物理模拟法:岩溶浸没主要受降水、地下河排泄不畅和水库回水倒灌等因素控制。应用相似理论,对岩溶管道系统概化出具有介质特征和水流特征的实体水箱模型,以降水和水位资料输入,用计算机进行监控,模拟岩溶浸没过程,可以获得水位升高值、内涝延时等参数,据以进行浸没预报。

(8)模型试验:采用一定尺寸规模的试验装置,模拟砂、土层在各种条件下(如不同水动力条件)岩溶地基的稳定性或岩溶塌陷过程。

(9)用一定长度钢钎(筋)按一定的间距插入下伏土层,用来查明土层中是否发育有岩溶土洞。例如,广西桂林岩溶地区,在地基基坑开挖后,一般采用插钎来进一步查明土层中是否存在土洞或塌陷软弱层,实践证明该法很有效。

第十章 岩溶的地球物理勘探

地球物理方法是以地下各种岩石、矿石间的物理性质差异(如密度、磁性、电性、弹性、放射性差异等)为基础,利用物理学原理,通过探测地表或地下地球物理场,分析其变化规律,来确定被探测地质体在地下赋存的空间范围(大小、形状、埋深等)和物理性质,达到寻找矿产资源或解决水文、工程、环境问题目的的一类探测方法。而用于近地表岩溶探测的绝大多数方法可归为地球物理勘探的一个重要分支——工程物探的范畴。

目前,常用的岩溶探测方法按开展工作的不同空间位置,可以分为地面物探方法和在隧道等掌子面施工的超前探测方法。地面常见的方法有高密度电阻率法、瞬变电磁法、地质雷达法、地震映像法,以及结合钻孔实施的电磁波CT法、弹性波CT法等方法。而超前探测类方法比较常用的又有地震超前预报法、瞬变电磁超前探测法、地质雷达超前探测法等方法。本章只对地面常用的一些工程物探方法进行简要介绍。

第一节 高密度电阻率法

一、高密度电阻率法的原理

高密度电法是根据水文、工程及环境地质调查的实际需要而研制的一种电阻率法,是以岩、矿石之间电阻率差异为基础,通过观测和研究与这些差异有关的电场在空间上的分布特点和变化规律,来查明地下地质构造和寻找地下不均匀电性体(岩溶、风化层、滑坡体等)的一类勘查地球物理方法。高密度电法在数据采集过程中组合电阻率剖面和电阻率测深的两种方法观测系统,因而具有采集数据量大、数据观测精度高等特点,在电性不均匀体的探测中取得良好的地质效果。

如图 10-1 所示,当以地面 A_1、B_1 为供电点,向地下输入电流强度为 I 的电流时,地下形成稳定的电场 E,以 A_1、B_1 的中点 O 为中心点,$\frac{1}{3}A_1B_1$ 长的范围内电场为均匀场,在此范围内安置测量电极 M、N 得到电位差 ΔU,其中 k 为装置系数,不同测量装置的装置系数不同,由此可得视电阻优选法计算公式(骆晓伟等,2018):

$$\rho_s = k \frac{\Delta U}{I} \tag{10-1}$$

高密度观测系统包括数据采集和资料处理两部分,如图 10-2 所示,现场测量时,只需要将全部电极设置在一定间隔的测点上,测点间隔为 a,一般为 $1\sim10\mathrm{m}$。采用多芯电缆连接到

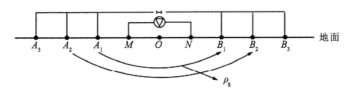

图 10-1　高密度电法探测原理

程控式多路电极开关上,电极开关是一种由单片机控制的电极自动转换装置,可以根据需要自动进行电极装置形式、极距及测点的转换。不同装置电极逐点同时向右移动得到第一条剖面;增大一个电极距离,电极再次逐点由左向右移动,得到另外一条剖面,这样不断扫描得到倒梯形剖面的电阻率。

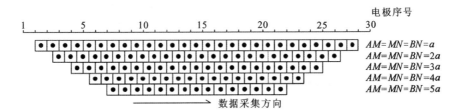

图 10-2　高密度电法温纳装置数据采集示意图

二、高密度电阻率法的特点

高密度法相对于常规直流电法而言,优势集中体现在以下几个方面(王栩等,2021)。

(1)电极布设一次完成,测量过程中无需更换电极,这不仅减少了因电极设置引起的干扰和故障,减小了测量误差,而且大大提高了工作效率,为野外数据的快速采集和自动测量打下了基础。

(2)能有效地进行多种电极排列方式的测定与组合扫描测量,提供数据量大、信息多,因而可获得丰富的关于地电断面结构特征的地质信息。

(3)野外数据采集实现了自动化或半自动化,不仅采集速度快,而且避免了由于手工操作带来的误差和错误,减轻了劳动强度。并且观测精度高,分辨率高,探测的深度也更灵活。

(4)可以对资料进行预处理并显示剖面曲线形态,脱机处理后还可自动绘制和打印各种成果图件。

(5)与传统的电阻率法相比,高密度电法成本低、效率高,信息丰富,解释方便,勘探能力显著提高。

在广泛应用之中也发现了高密度电法存在着以下一些问题。

1. 极距的影响

在野外测量时,极距的选择非常重要,如果所选用的极距过大,有可能会跨过空洞异常,如图 10-3 右侧所示结果为左侧地电模型分别在不同电极距观测时得到的视电阻率断面图。图 10-3(a)对比图 10-3(b),图 10-3(a)的效果不如图 10-3(b)明显,这是由于在图 10-3(a)所示目标体上方布置的电极过少,所以断面图不能反映空洞异常。而极距过小时,如图 10-3(d),图中不能反映空洞的形态。当极距小于空洞埋深的某一比值时,由于探测深度比较小,不能全部探测到空洞而产生一种"假象",并不能反映空洞。

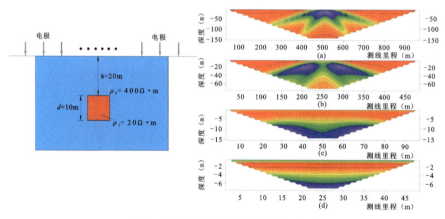

[(a)~(d)极距依次为 20m、10m、2m、1m]

图 10-3　温纳装置

2. 噪声的影响

高密度电阻法的噪声来源主要有以下几个方面(陈斌文,2009):①仪器内部噪声。这部分噪声主要由电子器件产生,其特征一般表现为不规则扰动变化。②电极间的不均匀极化。高密度电阻法多采用金属电极,电极在含有不同的电解质(包括浓度变化)引起不同的极化电位,表现为有一定规律的假异常,尤其是在小电流供电条件下影响尤为明显。③传输线路的影响。传输线路分布在时变的电磁空间,由于电磁感应产生感应电位,一般量级不大。在野外实际情况下,地下地质体形态、规模、数量复杂,对我们的探测目标构成一定的影响,使其难于分辨。

3. 岩溶的电阻率异常体现问题

对高密度电法的探测结果进行地质解释是一个经验性较强的工作。如何根据高密度电法剖面上的视电阻率异常推断是否存在岩溶,还需要许多别的方法和数据来相互印证。例如,当一个岩溶中没有别的充填物,只以一个空洞形式存在,这时该溶洞在视电阻率剖面上应该以一个高阻体形式体现。而当溶洞中充填着水或淤泥时,该溶洞在视电阻率剖面上又会以一个低阻体形式体现。更甚者,当充填物的平均电阻率与围岩基本相同时,在视电阻率剖面上将很难将其分辨出来。而岩溶是否有充填物,这在事先是不知道的。所以,仅从高密度电法的结果来圈定岩溶还是有困难的,必须结合当地地质情况进行更为全面的分析和讨论。

三、高密度电阻率法的工作实例

下面是利用高密度电阻率法对贵州贵阳某场地进行岩溶勘查的实例。工作场地为溶蚀丘峰槽谷地貌,地形整体为南东高、北西低,局部地段已经开挖平场,探测工作开展时区内已较为平坦开阔。

工区内表层覆盖层主要为黏土夹碎石组成,表现为低阻特征,电阻率值一般小于 120Ω·m;下部基岩层主要以灰岩为主,属硬质类岩,浅部强风化层及中风化层电阻率值一般在1000Ω·m以下。再往下为深部基岩,一般较为完整,电阻率值常在 1000Ω·m 以上,在电阻率剖面中常以均匀且较为稳定的背景值出现。而当区内有岩溶带发育时,由于有较丰富的地下水存在,其电阻率值呈低阻异常,在断面等值线图上看,该低阻异常呈圆形或团块状封闭形态。

图 10-4(a)为区内的一条高密度电阻率法探测结果:从反演断面图上看,电阻率值主要分布在 10～10 000Ω·m 之间,在剖面浅部,视电阻率呈不均匀的高-中高阻变化,推测为覆盖层高阻的基岩,剖面内电阻率在横向上分布不连续,反映了地层岩性裂隙发育,岩石破碎的特征;特别是在测线 140m(Y1-3 异常点及附近)段,电阻率等值线呈现团块状中低阻异常,结合异常形态及地形地质条件综合分析,推测该异常为岩溶发育带,该异常带发育宽度在 20～25m 之间,影响深度在 10～30m 范围内。后在该异常附近打钻证实,该处灰岩地层中有一较大的黏土填充型溶洞发育,深度范围为 5.2～25.5m。图 10-4(b)为该钻孔的柱状图。可以看出钻探与物探结果基本吻合,高密度电法能较为有效地圈定岩溶的位置和埋深等信息。

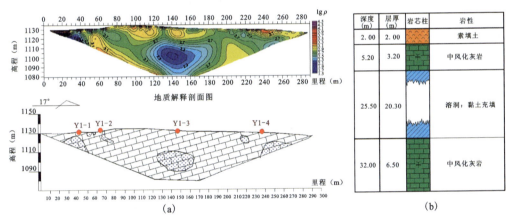

图 10-4 高密度电法电阻率剖面及钻孔柱状图

第二节 瞬变电磁法

一、瞬变电磁法的原理

瞬变电磁法是基于电磁感应原理而发展起来的一种物探方法(薛国强等,2020)。其工作原理是通过在地表敷设不接地线框,输入阶跃电流,当回线中电流突然断开时,在下半空间就要激励起感应涡流以维持断开电流前已存在的磁场,并且此涡流场随时间以等效涡流环的形式向下传播、向外扩展,利用不接地线圈、接地电极或地面中心探头观测此二次涡流磁场或电场的变化情况,用以研究浅层至中深层的地电结构,观测断电后感应电磁场随时间、空间的变化。瞬变场的延迟时间特性与地下地质体的几何参数及电性参数有关。良导地质体的规模越大、导电性越好,瞬变场的强度就越大、衰减越慢、延迟时间就越长;反之则瞬变场的强度小、衰减快、延迟时间短。由于是在没有一次场背景的情形下观测纯二次场异常,因而异常更直接、探测效果更明显、原始数据的保真度更高,其工作原理见图10-5。

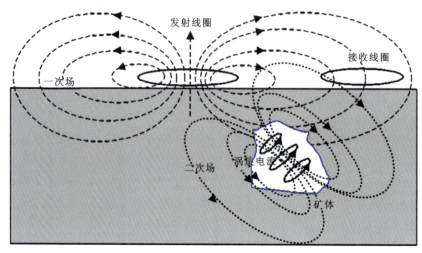

图10-5 瞬变电磁原理示意图

早期观测到的瞬变电磁响应(感应电动势)主要反映地下浅层的导电性;随着采样时间增大,测得的瞬变电磁响应所反映的深度相应增大,通过研究不同采样时间瞬变电磁响应,就可获取不同深度的电性分布特征。

瞬变电磁法探测深度的计算:

$$h = 4\sqrt{\frac{\rho t}{\pi \mu_0}} \approx 2000\sqrt{\rho t} \tag{10-2}$$

式中,ρ为下伏地层电阻率($\Omega \cdot m$);t为时间(s);$\mu_0 = 4 \times 10^{-7}$,是自由空间导磁率(H/m)。

二、瞬变电磁法的特点

在探测地下空洞、含水层富水性、岩溶发育等情况方面,瞬变电磁法是最有效的方法之一。该方法利用地质体的电性差异,通过接收一次场在地质体产生的二次场达到探测地下地质体地球物理参数的目的。该方法具有如下一些特点:①由于观测的是纯二次场异常,可以消除装置本身的电磁耦合噪声的影响;②对低阻敏感,对低阻环境下的含水层分辨能力较其他的电磁勘探方法好;③能够穿透高电阻率层的影响;④通过多次测量和叠加,可以提高TEM勘探方法的信噪比(SNR)和测量精度;⑤测量深度较大,同时可以通过增加激发的能力增加勘探深度;⑥方法和装置的适应性强,受地形影响小,应用范围广阔。

三、瞬变电磁法的应用实例

下面是使用瞬变电磁法在贵州织金某地下岩溶通道的探测实例。瞬变电磁法的S2号测线与高密度电法的S1号线位置相对应,走向近西东,穿过山沟和钻孔ZK17。工作时所使用的有重叠回线和中心回线两种装置。具体反演结果如图10-6所示。从图中可以看出,两种装置所测得的结果基本一致,电阻率值分布都极不均匀。在测线 45～55m 处有一明显的低阻封闭异常,这与高密度电法的 YC-1 低阻异常的位置相吻合,判断为地下岩溶通道发育导致。除 YC-1 异常外,可以看到在测线的靠后位置,70～75m 处还有一规模略小的异常,该处异常与高密度电法的 YC-2 异常相对应。推测为主岩溶通道的一个分支通道。

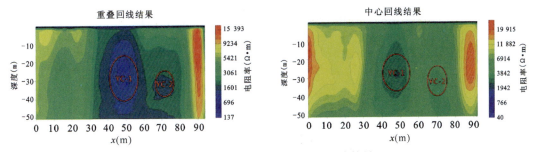

图 10-6　S2 号测线瞬变电磁法反演结果

第三节　电磁波 CT 法

一、电磁波 CT 法的原理

电磁波 CT 探测技术是从医学领域推广到工程勘察领域的,它对探测钻孔(或坑道)之间及其旁侧与围岩有较大高频电性差异的异常体(如溶洞、地下暗河、断裂破碎带等),并确定其空间位置和产状,是一种非常有效的方法。

电磁波 CT 技术是利用电磁波在两个钻孔之间进行特殊的层析观测,得到电磁波在两孔间介质中的透射数据,依照一定的物理和数学关系,运用计算机软件对数据进行处理,重建出孔间剖面介质电磁波吸收系数 β 值二维分布图像,据此对孔间地质异常体及构造分布作出解释与分析(黄生根等,2019)。

电磁波 CT 技术野外观测系统是在两个钻孔间的二维平面上进行的。测试时,在一个钻孔(发射孔)内放置发射机(发射点),而在另一个钻孔(接收孔)内放置接收机(接收点)。发射点发射出的电磁波沿射线路径在介质中传播、经吸收后衰减,于接收点被接收。当收、发点各按照一定的点距沿孔深依次进行发射、接收电磁波,即按一定射线密度对孔间剖面进行扫描,结果在二钻孔间形成如图 10-7 所示的一系列扇形射线网络。电磁波的实测量是波动过程沿射线路径对介质吸收系数的积分结果,当同一平面内密集的平行射线簇对研究区域进行了全方位扫描后,便可把所有的投影函数按 Radon 反变换的关系组成方程组,经反演计算重建出介质吸收系数 β 的二维分布图像。据此,就可以分析钻孔间地质异常体及构造的分布情况。

二、电磁波 CT 法的特点

电磁波 CT 法与传统的地球物理方法相比,主要的优势体现在:①电磁波的分辨较高,能解决其他许多物探方法横向分辨率不足的问题。②随着技术进步,电磁波各参数测量越来越精确。特别在研究和探测与岩层中流体有关的问题时,电磁波速度层析成像具有显著的价值。

在实际工作中,电磁波 CT 成像精度也受到许多因素的影响和限制。

(1)电磁波 CT 法只能在钻孔中施测,当要了解的剖面没有钻孔或是钻孔之间的距离较

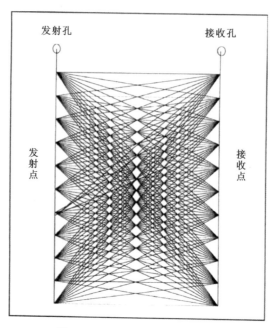

图 10-7　电磁波 CT 测试原理图

远时,该方法就无能为力了。因此,该方法只能作为特定条件下的高分辨率方法而不能作为一种普遍采用的方法。

(2)发射电磁波的频率选择。由于电磁波的频率越高,分辨力就越强,但是介质对电磁波的吸收也越强,电磁波穿透介质能力减弱,穿透距离缩短;电磁波频率越低,穿透能力越强,但电磁波在岩体中的波长较长,会产生绕射现象,使划分地质异常体及构造的分辨率降低。如果选择不好激发频率,将对探测结果产生较大影响。

(3)采样密度。采样密度越高,图像重建时网格单元划分越小,则成像精度越高,但相应工作量也成倍增加;采样密度越低,图像重建时网格单元划分越大,则成像精度越低,相应工作量越少。

三、电磁波 CT 法的工作实例

本实例是邓小虎等(2022)使用电磁波 CT 法对某地铁线路工区探测的结果,下面以 ZK6-ZK1-ZK5 探测剖面作为实例进行解释。此剖面的电磁波 CT 成像结果如图 10-8 所示,钻孔 ZK1、ZK4 和 ZK7 的高程分别为 20.84m、19.03m 和 21.31m,其中 ZK4-ZK1 的间距 18.37m,ZK4 作为发射孔,ZK1 为接收孔;ZK1-ZK7 的间距为 21.06m,ZK1 为发射孔,ZK7 为接收孔。从吸收系数反演剖面(图 10-8)中可以看出,覆盖层部分显示为红色的高吸收区域,吸收系数大于 0.75dB/m;而完整的基岩部分在结果中以蓝色的低吸收区域呈现。但在剖面中部有一明显的高吸收系数异常,推测为溶洞位置。在 3 个钻孔中 ZK1 经过该异常位置,并在钻进过程中发现一溶洞(海拔 -3.56~-8.86m),与 CT 探测结果高度一致。

一般来讲,电磁波 CT 成像对于岩溶的探测具有较高的准确度,适合较为精细的岩溶探测。但该方法的不足在于工作时必须要有合适间距的钻孔存在,而打钻又在一定程度上增加部分勘探成本。

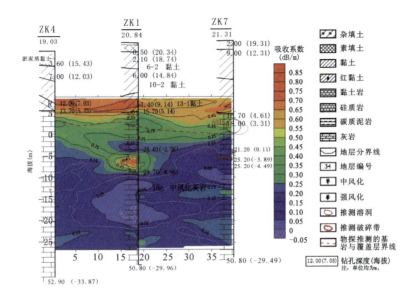

图 10-8 ZK4-ZK1-ZK7 电磁波 CT 成像结果及钻孔柱状图

第四节 地质雷达法

一、地质雷达法的原理

地质雷达(又称探地雷达)是利用高频电磁波以宽频带短脉冲的形式,由地表通过发射天线送入地下,经地下目标体反射后返回地面,被接收天线所接收形成雷达图像。

如图 10-9 所示,设电磁波在地面 T 处由发射天线向地下发射后,经地面下 h 深处的反射体后(如溶洞)返回地面被接收天线 R 接收。根据几何关系,电磁波行程时间 t(单位:ns)为:

$$t = \frac{\sqrt{4h^2+x^2}}{v} \tag{10-3}$$

式中,x 为发射天线与接收天线之间的距离(m);v 为电磁波在地下介质中的传播速度(m/ns)。

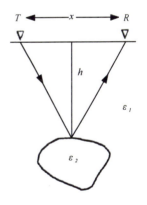

图 10-9 反射波探测原理示意图

由式(10-3)可知,当电磁波在地下介质中的传播速度可知时,t 可根据雷达图像确定,x 又为已知,目标体的埋深就可计算。目前,地质雷达探测系统配置的天线有单发射单接收和自发自收两种类型,其工作方式有点测和线测两种方式。采用自发自收天线和连续观测方式可以大大提高工作效率,被广大用户普遍使用。所谓自发自收就是将发射天线和接收天线装配在一起,两者间的距离很小,与探测深度比较,可近似为零,由传播旅行时可知地下目标体的埋深为(马永辉等,2020):

$$h = \frac{1}{2}vt \tag{10-4}$$

由此可见,自发自收采集方式相当于电磁波在地下作垂直反射。

二、地质雷达法的特点

与其他近地表探测方法相比,地质雷达法具有以下优势。

(1)非破坏性。地质雷达是在保存地表原状态的基础上进行探测的。

(2)分辨率高。地质雷达的工作频率最高可达 1GHz,分辨率可以达到厘米级。

(3)可操作性强。地质雷达主要由天线系统、信号处理系统及成像系统组成,具有仪器轻便、操作简单、取样迅速、工作人员少、工作效率高等特点。

(4)抗干扰能力强,可在各种环境下工作。因此,地质雷达已成为国际上最先进的地球物理探测方法之一。

地质雷达法存在的不足之处如下。

(1)地质雷达针对的是地面以下目标,使用的频率极高,除冰雪地区外,电磁波的能量在地层中衰减很大,加之仪器性能所限,地质雷达的探测深度较浅。

(2)地质雷达一般不能确定地下目标体横向尺寸,如管径大小、球状体、空洞的直径、范围较小的沟的宽度等。

(3)在地质雷达的时间-深度剖面图上,电磁波双程走时在雷达记录中能准确读出,深度值完全依赖于速度值的选择。在目前的各种检测实践中,电磁波波速一般根据经验人为设定或者现场取点进行速度标定。人为设定电磁波波速与电磁波在介质中的实际传播速度不可避免存在一定误差,现场取点进行电磁波速度标定存在以偏概全的问题。电磁波速度值的准确程度直接影响检测精度。

(4)工作地区如果有钢筋覆盖,而地质雷达使用的是高频电磁波,当它遇到金属时,发生全反射,部分能量被接收天线所接收,部分又被反射到钢筋处,从而形成了电磁波在天线和钢筋之间的多次反射。在时间-深度剖面图上,这严重影响了对钢筋背后结构物的判断,而按照目前现有的滤波方法,这种影响无法消除。

三、地质雷达法的工作实例

本实例位于建德市境内,李俊杰等(2018)使用地质雷达在千岛湖配水工程某隧洞岩溶探测,得到基岩为上石炭统船山组灰岩(青灰—灰白色,新鲜岩石中胶结物一般为紫红色泥质、局部为灰白色钙质胶结),强溶蚀带厚 20.0～28.0m。支洞进口处未见断层通过,节理发育一般,以缓—中等倾角为主,节理面一般被泥质或钙质充填,局部被方解石脉充填。

支洞洞身段围岩岩溶发育,强溶蚀带较厚,成洞条件一般,隧洞掘进时曾揭露含水溶洞。为查明该区段隧洞底部隐伏溶洞的分布情况,选用瑞典 RAMAC 地质雷达,配备 100MHz 屏蔽天线进行了隧底探测,时窗长度约 600ns,采样点数 722,道间距 0.1m,自动叠加模式。某条测线采集到的数据进行处理后得到的雷达剖面成果图(图 10-10)。在剖面 16～25m、9～23m 区段附近出现上下两个反射波强振幅、低频,伴随多次反射现象的区块,推测为含水溶洞或溶蚀带的电磁波反射信息。

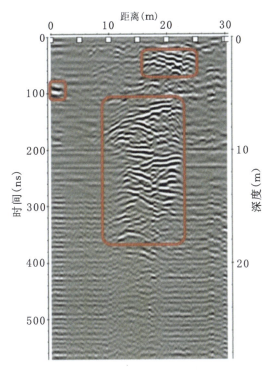

图 10-10　地质雷达在隧道岩溶的探测结果

第五节　地震映像法

一、地震映像法的原理

弹性波在介质中传播时,遇到物性分界面或物性突变点将发生反射或绕射,利用反射波和绕射波的特性,记录各种波的旅行时间和动力学特征,根据波的运动学和动力学特征,反演介质的物性参数,从而获取物性分界面或突变点的双程旅行时间和埋深。

假定多层介质为 x-z 半空间,由 n 层水平层状介质构成,第 m 层的参数分别为厚度 h_m,纵波速度 v_{pm}。为了使讨论问题比较简便,可用"均方根速度" v_0 来代替实际的层状介质。此时反射波时距曲线方程分别可表示为(陆晓春和龚育龄,2013):

$$t = \sqrt{t_0^2 + \frac{x^2}{v_0^2}} \tag{10-5}$$

$$v_0 = \sqrt{\frac{\sum_{m=1}^{n} t_m v_{pm}^2}{\sum_{m=1}^{n} t_m}} \tag{10-6}$$

$$t_m = \frac{h_m}{v_{pm}} \tag{10-7}$$

$$t_0 = 2\sum_{m=1}^{n} t_m \tag{10-8}$$

式(10-5)~(10-8)中，x 为炮检距(m)；t_0 为双程回声时(也称法线双程旅行时)(s)；t 是反射波旅行时(s)；t_m 为波通过第 m 层所经历的单程时间(s)。

显然，反射波时距曲线为一曲线。地震映像法的原理和主要特性与地震反射波法勘探基本相同，由于零偏移距地震映像法对于垂直构造不敏感，所以取炮检距 x_0 为一固定值，其反射波旅行时为：

$$t = \sqrt{t_0^2 + \frac{x_0^2}{v_0^2}} \tag{10-9}$$

式中，t 为 x_0 偏移距的反射波旅行时(s)；t_0 和 v_0 同上。

显然，对反射记录作等偏移距动校正之后，反射波信号都归到垂直双程旅行时间，将这个时间乘上介质波速(多层介质用均方根速度 v_0)即可得到反射界面的深度，从而获得地下地质体的信息。

二、地震映像法的特点

地震映像法的主要特点如下。

(1)可以利用反射波、折射波、面波等多种弹性波作为有效波来进行探测，也可以根据探测目的要求仅采用一种特定的地震波作为有效波。

(2)炮检距小，激发点和接收点之间的反射波近似垂直，类似于自激自收，因而采集数据的信噪比高，且测量点设在激发和接收距离的中点，该点正反映了偏移距范围内的地下岩层、岩性的变化。

(3)由于每个记录道都采用了相同的偏移距，地震记录上的时间变化主要为地下地质体的反映，连接起来的地震时间剖面即是地下界面形态的反映，资料处理时，可直接对资料进行部分数字分析，如频谱分析、相关分析等。

(4)由于采用的是单炮激发、单道接收，在资料处理过程中不需要进行动校正、叠加等处理，节省了资料处理时间，避开了动校正对浅层反射波的拉伸、畸变影响，可以全部保留反射波动力学特征，减少了处理误差。

地震映像法的不足之处：①勘探深度较浅，一般不超过 50m；②在探测目标较单一、只需研究横向地质变化的情况下，地震映像法效果较好，而探测目层较多时，不易确定最佳偏移距；③不能获得速度参数和进行速度分析。

三、地震映像法的工作实例

地震映像法主要应用弹性波的动力学特征对波场进行解释，没有繁杂的资料处理流程，是一种能适应各种工作环境、简便、快速的工程物探勘查手段。因此该方法已广泛应用在各个领域，包括岩溶勘查。

隐伏岩溶勘查长期以来是工程物探研究的主要课题。实践已表明，地震映像法是快速普查勘查区内隐伏岩溶的较好方法：一是因为它的方法特点，可快速进行普查，确定详细勘探的靶区；二是它解释地下是否赋存岩溶发育带的结果是可靠的。虽然目前该法尚无法解释出隐伏岩溶的埋深、规模等亟待解决的问题，但是它的潜在效果值得我们去研究、开发。由于赋存碳酸盐岩中的岩溶发育带无论是充水、充土或充气，其密度和完整的碳酸盐岩都有很大的差异，弹性波在这样不均匀介质中传播会形成散射波，且十分发育，如果我们能对散射波进行归位，则可解释出岩溶发育带的埋深和规模。

图 10-11 是安徽淮南土坝孜岩溶勘查中的地震映像，可见在右侧的溶洞发育区散射波发育，左侧由于岩溶塌陷形成的地裂缝呈多相位的图像特征（王治华等，2008）。

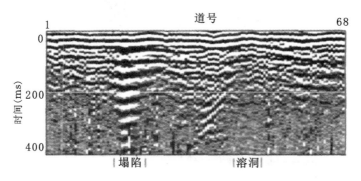

图 10-11　安徽淮南土坝孜岩溶调查地震映像法结果

图 10-12 是浙江江山岩溶勘查某线的地震映像，在岩溶发育带，散射波十分发育。由于地下隐伏岩溶发育，在地下水的作用下，上伏土层中形成的土洞的散射波也清晰可见。

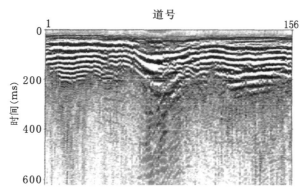

图 10-12　浙江江山岩溶勘查地震映像法结果

图 10-13 是浙江江山岩溶勘查已知塌陷坑处的地震映像。从图中可见，在塌陷坑下方隐伏溶洞的散射波呈双曲线状，且面波的相位也发生了畸变。

第六节　微动方法

一、微动方法的基本原理

除利用人工震源进行岩溶的探测之外，利用环境的微弱振动等被动源的信息对地下空间

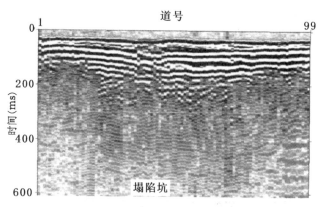

图 10-13　浙江江山已知塌陷坑旁地震映像法结果

的结构进行探测也成为了现在地震勘探研究的一个热点。微动是一种在时间、空间域都分布的极不规则的震动,其振动的频率范围主要分布于 0.1~50Hz。信号来源主要有两种:一种是由自然界产生的微震动,频率小于 1Hz,这是一种在时间、空间毫无规律可循的随机震动,例如天气、潮汐、气压及海浪等自然现象;另一种是由人为因素产生的,频率大于 1Hz,如人类生产活动(机器运转)、日常生活(驾车)等(王洪,2013)。这类方法不需要专门的振源、受场地条件限制小、可探测的深度范围大、对所测环境不产生破坏、快速、经济、适合人口密集地区等优点,受到了越来越多研究者的关注。

二、微动方法的工作模式

微动方法随着仪器和数据处理技术的更新而得到了较为迅速的发展。目前,对于微动数据的采集可以分为单个台站采集和台阵采集两种方法。

单个台站所采集的数据有限,往往要求检波器能实现多个分量的拾取,而在后续数据处理中则对应采用谱比法进行分析。

当采集台站较多时,则可以通过台阵模式进行数据采集。如果后续数据处理采用空间自相关法,则至少需要 4 个台站同时观测,且各个台站的布局也要比单个台站的观测时更为严格。如图 10-14 所示,需将一个观测台站布设于中心点 O,然后另外 3 个台站均匀布设在半径为 r 的圆周上同时进行观测。在一次 4 个台站观测完成后,位于 O 点的台站不动,而将圆周上的 3 个台站移动到另一个半径更大的圆周上进行再次的观测。一般来说,同一点位实现 3 种不同半径的观测后便能取得较好的探测效果。

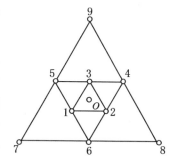

图 10-14　台站布置示意图

另一种需要台阵进行数据采集的方法是频率波数法。该方法的台站布设方式要比空间自相关法更为灵活,但至少需要 7 个台站同时进行数据的观测,并且要求测点在研究区域内尽量均匀分布。通常,为了能在资料处理过程中同时采用空间自相关法进行处理,台阵一般布设成如图 10-14 所示的形状(叶太兰,2004)。

三、微动方法的应用实例

1. 谱比法的应用实例

梁东辉等(2020)利用谱比法对广西桂林市郊的某地下河管道进行了探测。如图10-15所示,研究区内共布置3条微动测线(w1、w2、w3)。w1线走向296°,测点点号0～22m;w2线走向333°,测点点号0～90m;w3线走向29°,测点点号11～55m。地下河管道分布经过精确的地下洞穴测量,平面图如图10-15所示,从图中可以看出,在地下河管道上方的测段为w1线的0～1m、5～10m,w2线的7～24m和w3线的15～35m。地下河管道埋深在10～20m之间。

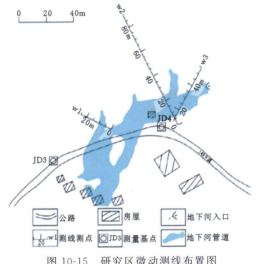

图10-15 研究区微动测线布置图

当微动测点下方存在空洞时,HVSR曲线会出现异常,表现为部分频率段的HVSR曲线小于1。图10-16所示结果为各条测线的HVSR探测结果。从结果中可以看到w1线的微动HVSR在0～8m、11～12m测段时值小于1;w2线在0～50m、60～70m测段值小于1;而w3线在11～36m测段值小于1,地质雷达的异常段为28～33m、42～51m。与实际测绘结果对比,w1线的微动异常段与地下河管道的平面位置基本一致;w2线除了在地下河管道上方存在异常,在60～70m处也有明显异常,推测该位置下方有溶洞发育;w3线微动HVSR异常与地下河管道位置基本一致,为地下河管道的响应。总体来讲,研究区微动HVSR的异常位置与地下河管道的位置基本对应。

2. 空间自相关法的应用实例

下例为谢朋等(2019)利用空间自相关法对湖北潜江某场地的探测结果。图10-17中左侧曲线为微动反演所得的地下速度结构。波速分布上低下高,没有回旋低速层,大致可以分为5层。

而图10-17右侧结果是相应位置的钻孔岩性情况。地层揭示为4层:第一层为粉质黏土,0～15.45m,局部夹薄层粉土;第二层为中砂、细砂、砂卵石,15.45～59.83m;第三层为黏土,

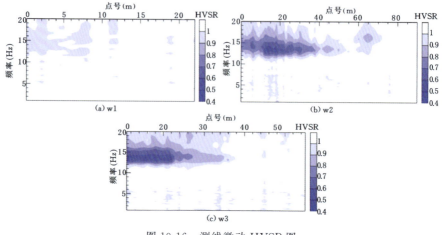

图 10-16 测线微动 HVSR 图

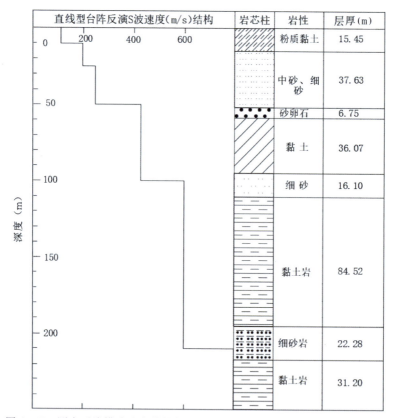

图 10-17 测点反演横波速度结构模型及与湖北潜江地震监测项目钻孔对比

夹细砂,59.83～112.00m;第四层为黏土岩与细砂岩互层,112.00～218.80m;第五层为黏土岩,均在 218.80m 以深。

从两者的结果来分析,微动探测法可以较好揭示深度 60m 左右处砂卵石与黏土之间的界面深度及 112m 处细砂和黏土岩之间的界面,能确定岩性差异较大的地层分界面,探测效果良好。

第七节 瑞雷波勘探法

一、瑞雷波勘探法的原理

瑞雷波勘探是一种最新发展起来的先进地震勘探技术，由于其理论的复杂性及应用的重要性，近年来已吸引了国内外众多学者和科研人员对其进行了多方面的研究和探讨。

根据瑞雷波的传播理论，沿被测介质体表层传播的瑞雷波对被测介质体的有效穿透深度 H 在一个波长之内，即某一波长的瑞雷波只能反映深度在一个波长之内的介质信息，有效穿透深度 H 与瑞雷波波长 λ_R 的关系可以表示为（崔竹刚等，2012）：

$$H = \beta \lambda_R \tag{10-10}$$

所以不同波长的瑞雷波传播速度可以反映地表以下不同深度范围内的介质性质。

在不均匀介质中传播的瑞雷波是含有多种频率成分的复杂波动，不同频率的瑞雷波有不同的传播速度，这就是瑞雷波的频散现象。根据不同频率成分瑞雷波的传播速度与频率的对应关系即可得到瑞雷波的频散（V_R-f）曲线。再根据波长、波速与频率之间的关系（$\lambda_R = V_R/f$）将频散曲线转化为速度-波长（V_R-λ_R）曲线，然后根据波长与深度的对应关系式将速度-波长曲线转化为速度-深度（V_R-H）曲线。根据速度-深度曲线上的低速区即可对地下空洞的分布范围进行圈定。

按照产生瑞雷波的震源激发方式，瑞雷波勘探法可分为稳态法和瞬态法两种。稳态法工作原理如图10-18所示，利用特制的激震装置输出一定单频成分的简谐振动，从而在介质中激发出单频简谐瑞雷波。不断改变输出频率，即可得到不同频率所对应的瑞雷波相速度。瞬态法工作原理如图10-19所示，利用重锤或超声换能器在介质表面施加一个脉冲荷载，从而在介质中激发出具有一定频率带宽的波动。利用频谱分析技术提取各个单频成分的瑞雷波相速度，即可得到瑞雷波的频散曲线。稳态法的优点是可以降至2～3Hz的较低频率，从而达到较大的勘探深度，并且提取瑞雷波相速度的方法简单明了；主要缺点是仪器较笨重，现场测试比较费时。瞬态法仪器轻便，测试速度快，但提取瑞雷波相速度的分析方法比较复杂，而且探测深度较浅。

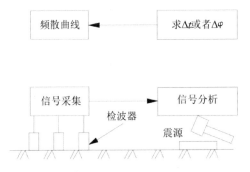

图 10-18　稳态法工作原理示意图

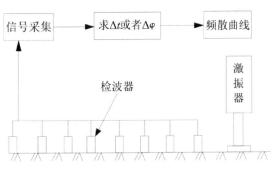

图 10-19　瞬态法工作原理示意图

实际进行瞬态法测试时,可以根据以下一些计算公式求得瑞雷波速度-深度曲线。

对相邻的道记录数据进行互相关可以用公式:

$$\gamma_{21}(\tau) = \int_{-\infty}^{+\infty} u_2(t+\tau) u_1(t) dt \tag{10-11}$$

对互相关函数作傅里叶变换:

$$R_{21}(f) = \int_{-\infty}^{+\infty} \gamma_{21}(\tau) e^{-i2\pi f \tau} d\tau = |R_{21}(f)| e^{i\Delta\varphi(f)} \tag{10-12}$$

相位差展开,两个测点间波动的相位差 $\Delta\varphi$ 分解为两个部分:一是相对于两个测点上瑞雷波初至的初相位之差 $\Delta\psi(0 \leqslant \Delta\psi \leqslant 2\pi)$,即互相关谱 $R_{21}(f)$ 的相位;二是两个测点上瑞雷波到时差 τ 导致的相位延迟 $2\pi f\tau$,则两道的相位差为:

$$\Delta\varphi = \Delta\psi + 2\pi f\tau \tag{10-13}$$

由下式可以求出不同频率 f 所对应的相速度 V_R,获得实测频散(V_R-f)曲线。

$$V_R = \frac{2\pi f \cdot \Delta x}{\Delta\varphi} \tag{10-14}$$

这样就可以利用波长和深度的对应关系将频散曲线转化为速度-深度曲线(崔竹刚等,2012)。

二、瑞雷波勘探法的特点

瑞雷波勘探是近年来发展起来的一种新兴岩土工程勘探方法。与常规的物探方法相比较,瑞雷波勘探具有分辨率高、应用范围广、受场地影响小、检测设备简单、检测速度快等优点。但同时,作为一种新的检测方法,该方法还存在许多的不足之处。

(1)利用瑞雷波频散曲线求取岩土介质的力学参数是反演的核心问题,也是瑞雷波勘探的关键环节。虽然国内外学者在这方面研究很多,但这一问题一直没有得到很好的解决。

(2)在野外采集数据的过程中,如何取得高信噪比的瑞雷波资料是很关键的,这决定了瑞雷波勘探的成功与否。工作频段的控制、道间距的设置、震源激发方式、仪器增益的控制等均能影响瑞雷波勘探记录。如何根据勘探要求和野外环境设定最佳工作状态,是一个实践性很强的问题,也需要大量的经验积累。

(3)关于实测瑞雷波频散曲线的"Z"字形现象,从理论模型的解析中还不能精确地解释此现象。因为理论的频散曲线,在介质分界面处只出现折点,对此还需进行深入研究和数值模拟计算。

(4)测试深度相对较浅,一般情况下可靠的测量深度为 20~30m,最深不超过 60m。当测试深度加大时,震源信号就必须具有足够的低频信号,目前尚难满足此要求。

三、瑞雷波勘探法的工作实例

下面是一个应用瑞雷波勘探法探测地下空洞的实例。该库房场地位于北京市海淀区温泉镇,物资库坐落于北京西山山脚处。物资库库房为坐西朝东的一排平房,库房南北向延伸63.1m,库房延伸方向基本与库房后的山体平行,库房附近的地形由北向南为上升的缓坡,由东向西为较陡的山坡。场地地面有一定厚度的土层覆盖,土层与下伏基岩构成了双层场地,基岩面的起伏受山体地形的控制。库房前场地地下早年挖掘的防空洞,大致沿南北方向穿过,形成地基承载力的薄弱地带,对库房扩建工程的基础选择构成影响。

首先,对每一次激发所取得记录波形进行震相分析,认清各道记录波形中瑞雷波震相的出现时段;然后,提取每两道波形之间各个频率成分对应的相速度,并转换成速度-深度(V_B-H)数据;最后,将V_B-H曲线与两道波形所在的两个检波器间的中点相对应(图10-20),即可得到这两个检波器之间岩土体的速度-深度结构,联合同一条测线上所有检波器两两分析得到的速度-深度结构数据,即可得到这一条测线的瑞雷波相速度的分布剖面。根据剖面上岩土体波速的变化,可以对地下空洞的位置作出判断。

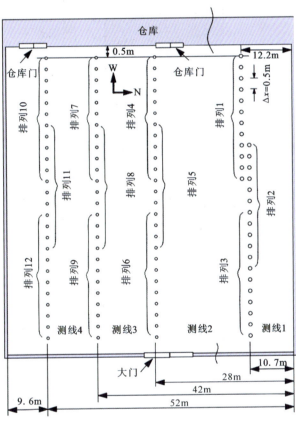

图10-20 物资库场地瑞雷波测线布置示意图(崔竹刚等,2012)

分析提取得到的测线2的瑞雷波相速度V_R剖面如图10-21所示。由图10-21的瑞雷波速度剖面图可以推断下伏基岩面的产状,上部低波速分布区为土层,下部高波速为基岩。物资库场地基岩面向东倾斜,倾斜角度约40°,基岩埋深自西向东大致由2m变化到12m。

根据上覆土层中低波速分布区判断,在测线1和测线2处,地下空洞离开库房约6m;向南到测线3和测线4处,地下空洞距离库房约4m,略向库房方向靠近。根据波速分布特征判断,空洞顶部在地面以下约2m。

按瑞雷波波速分布推断的各个测线处的空洞位置在图10-21中进行了圈定(圆圈)。根据各个测线处空洞在剖面位置的水平投影位置连线推断空洞在水平方向的分布情况,如图10-22所示。

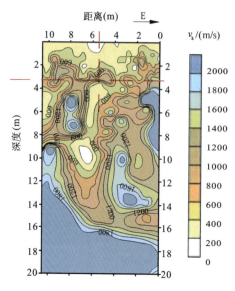

图 10-21 测线 2 瑞雷波速度分布剖面图

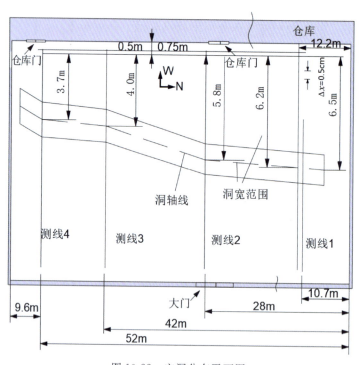

图 10-22 空洞分布平面图

利用瑞雷波法探测得到地下空洞分布与实际开挖情况对比完全吻合，充分证明了该方法在探测地下空洞的有效性。

第八节 其他岩溶地球物理探测方法

除了上述的一些传统的地球物理方法，现在还有一些地球物理方法也可以用于岩溶探测，如隧道超前地质预报中常用的 TSP 法及新兴的微重力测量、射气测量等。

TSP 法是由瑞士 Amberg 公司推出的一项超前预报技术，是目前国内外最常用的长距离地震法超前地质预报技术之一。TSP 法能够实现对隧洞掌子面前方的地层界面、断层、大规模溶洞等不良地质体的位置和规模进行探测和识别，同时能够获取前方围岩的纵横波速、泊松比、杨氏模量等岩石力学参数，从而判断掌子面前方的岩性变化(徐磊等，2018)。

近年来，微重力测量开始大量用于溶洞、地下空洞的调查，尤其是岩溶区的调查。由于溶洞的存在，地下地质体质量亏损或盈余，使溶洞区与围岩存在明显的密度差异，在微重力测量中表现为连续的重力低异常特征，因此在勘察区利用微重力测量寻找溶洞具备良好的地球物理前提(孟庆旺，2020)。大量测量结果表明，微重力测量效果较好，国外已有部门将微重力测量定为岩溶发育普查的重要方法之一。

射气测量是使用射气仪测量土壤、水及大气中射气的浓度，并通过研究射气浓度的分布特征来解决某些地质问题的一种放射性测量方法(梁文轩，2010)。经验表明，在空洞发育区一般都有射气存在。前人利用射气探查地下洞穴取得了一定效果。尽管射气异常与溶洞、空洞关系的机理有待研究，但实际观测结果的确反映出两者相关。因而射气测量可以有效地查明地下空洞的平面分布状况。

主要参考文献

曹伯勋,1959.地貌学及第四纪地质学[M].武汉:中国地质大学出版社.

曹建华,王福星,黄俊发,等,1993.桂林地区石灰岩表面生物岩溶溶蚀作用研究[J].中国岩溶,12(1):11-21.

曹建华,袁道先,潘根兴,等,2001.岩溶动力系统中的生物作用机理初探[J].地学前缘,8(1):203-208.

曹剑峰,冶雪艳,姜纪沂,等,2005.黄河下游悬河段断流对沿岸地下水影响评价[J].资源科学,27(5):77-83.

查瑞生,匡鸿海,2013.基于溶蚀试片法和GEOAGENT模型法的森林碳循环研究:以重庆南川区金佛山为例[J].西南师范大学学报(自然科学版),38(12):77-82.

陈斌,汪耀,胡祥云,等,2020.大湾区珠江口海上高密度电法探测[J].地球科学,45(12):4550-4562.

陈斌文,龚剑平,嵇其伟,2009.高密度电阻率法空洞探测的数据处理方法[J].路基工程(1):175-177.

陈崇希,1985.彼图什科夫"单位静储量法"的基本论点错在哪里[J].勘察科学技术(1):35-37.

崔杰,2009.矿井涌水量计算方法评述[J].水力采煤与管道运输(4):1-4+95.

崔竹刚,贾雷,郑晓燕,等,2012.瑞雷面波在地下空洞探测中的应用[J].科学技术与工程,12(26):6750-6753.

代群力,1994.基岩裂隙渗透性的野外研究[J].湖南地质(2):99-104.

邓小虎,傅焰林,2022.跨孔电磁波层析成像在岩溶三维空间分布上的应用[J].CT理论与应用研究,31(1):13-22.

地质矿产部地质辞典办公室,1983.地质辞典(一)普通地质　构造地质分册　上册[M].北京:地质出版社.

丁继红,周德亮,马生忠,2002.国外地下水模拟软件的发展现状与趋势[J].勘察科学技术(1):37-42.

杜敏铭,邓英尔,许模,2009.矿井涌水量预测方法综述[J].四川地质学报,29(1):70-73.

高道德,张世从,毕坤,等,1986.黔南岩溶研究[M].贵阳:贵州人民出版社.

郭纯青,2007.中国岩溶生态水文学[M].北京:地质出版社.

郭清海,马瑞,王焰新,等,2010.盆-山地下水系统演化及其水资源环境效应:以太原盆地为例[M].北京:科学出版社.

贺可强,王滨,杜汝霖,2005.中国北方岩溶塌陷[M].北京:地质出版社.

黄生根,胡永健,付卓,等,2019.电磁波CT技术在钻孔灌注桩后压浆效果检测中的应用研究[J].岩土工程学报,41(S1):225-228.

蒋辉,2008.豫东黄河冲积平原高氟地下水与饮水安全[J].勘察科学技术(2):49-52.

蒋忠诚,裴建国,夏日元,等,2010.我国"十一五"期间的岩溶研究进展与重要活动[J].中国岩溶,29(4):349-354.

康彦仁,1990.中国南方岩溶塌陷[M].南京:广西科学技术出版社.

李大通,1985.碳酸盐岩层的分类原则和确定类型的BASIC程序[J],中国岩溶(4):55-64.

李俊杰,朱红雷,赵国军,等,2018.地质雷达电磁干扰分析及在隧洞岩溶探测中的应用[J].中国岩溶,37(2):286-293.

李阳兵,王世杰,王济,等,2006.岩溶生态系统的土壤特性及其今后研究方向[J].中国岩溶(12):285-289.

梁东辉,甘伏平,张伟,等,2020.微动HVSR法在岩溶区探测地下河管道和溶洞的有效性研究[J].中国岩溶,39(1):95-100.

梁文轩,2010.射气测量在寻找隐伏构造中的应用[J].四川建材,36(5):114+119.

梁秀娟,迟宝明,王文科,等,2016.专门水文地质学[M].4版.北京:科学出版社。

刘凯栋,1990.贵州省岩溶塌陷类型及形成分布规律探讨[J].贵州地质(3):204-215+228.

刘前明,2001.贵州岩溶水充水矿井涌水量预测探讨[J].中国煤田地质(2):98-99+128.

卢耀如,1986.中国岩溶:景观·类型·规律[M].北京:地质出版社.

陆晓春,龚育龄,2013.综合物探在防汛墙抛石探测中的应用[J].工程地球物理学报,10(2):180-185.

骆晓伟,张宽,唐朝生,等,2018.基于高密度电阻率成像技术的土体干缩开裂过程监测研究[J].高校地质学报,24(6):939-946.

马永辉,郑文青,迟晓双,2020.基于GPRSIM的道路地下病害体探地雷达正演模拟研究[J].科学技术与工程,20(22):8898-8903.

孟庆旺,2020.综合物探方法在嘉祥县青山省级地质公园溶洞勘察中的应用效果[J].物探与化探,44(6):1464-1469.

聂磊,2007.岩溶地区石生蓝藻与岩溶发育关系研究展望[J].中国岩溶(12):363-366.

裴建国,梁茂珍,陈阵,2008.西南岩溶石山地区岩溶地下水系统划分及其主要特征值统计[J].中国岩溶,27(1):5.

任美锷,刘振中,王飞燕,等,1983.岩溶学概论[M].北京:商务印书馆.

戎昆方,黄蔚国,1989.独山南部碳酸盐岩显微结构、构造对岩溶发育的影响:兼谈溶脱作用的意义[R]昆明:全国岩溶洞穴谈论会.

戎昆方,戎庆,刘志宇,2009.研究岩溶的新观点:以贵州独山南部、织金洞为例[M].北京:地质出版社.

沈照理,1985.水文地质学[M].北京:科学出版社.

苏维词,1998.贵州主要城市的岩溶塌陷灾害及其防治[J].水文地质工程地质(3):42-44.

王滨,李治广,董昕,等,2011.岩溶塌陷的致塌力学模型研究:以泰安市东羊娄岩溶塌陷为例[J].自然灾害学报,20(4):119-125.

王冬银,章程,谢世友,等,2007.亚高山不同植被类型区的雨季岩溶溶蚀速率研究[J].地球学报(10):488-494.

王洪,2013.物探新技术:微动探测技术介绍[J].贵州地质,30(1):75-77+60.

王明章,2005.贵州岩溶石山生态地质环境研究[M].北京:地质出版社.

王晓明,代革联,巨天乙,等,2004.可视化的地下水数值模拟[J].西安科技学院学报(2):184-186.

王栩,王志辉,陈昌昕,等,2021.城市地下空间地球物理探测技术与应用[J].地球物理学进展,36(5):2204-2214.

王栩,王志辉,陈昌昕,等,2021.城市地下空间地球物理探测技术与应用[J].地球物理学进展,36(5):2204-2214.

王治华,仇恒永,杨振涛,2008.地震映像法及其应用[J].物探与化探,32(6):696-700.

吴文强,李国敏,陈求稳,2009.地下水数值模拟中分布式水文模型的耦合应用[J].勘察科学技术(5):48-51.

吴正,1999.地貌学导论[M].广东:广东高等教育出版社.

肖广惠,2008.计算矿坑涌水量需考虑的有关影响因素探讨[J].四川建材,34(6):286-287.

谢朋,王秋良,李井冈,等,2019.SPAC法在江汉平原地层结构分层中的应用[J].地震工程学报,41(3):717-723.

徐磊,张建清,漆祖芳,2018.水工隧洞综合超前地质预报应用对比研究[J].地球物理学进展,33(1):411-417.

许涓铭,邵景力,1988.第二讲 地下水系统的分类与单位脉冲响应函数[J].工程勘察(2):46-52.

薛国强,陈卫营,武欣,等,2020.电性源短偏移距瞬变电磁研究进展[J].中国矿业大学学报,49(2):215-226.

杨成田,张仁隆,1981.关于地下水资源评价的几个问题[J].工程勘察(2):70-73.

叶太兰,2004.微动台阵探测技术及其应用研究[J].中国地震,20(1):47-52.

叶艳妹,1991.矿坑涌水量随机序列的状态空间实时预报模型[J].成都地质学院学报(3):80-88.

俞锦标,杨立铮,章海生,等,1990.中国喀斯特发育规律典型研究:贵州普定南部地区喀斯特水资源评价及其开发利用[M].北京:科学出版社.

袁道先,1988.岩溶学词典[M].北京:地质出版社.

袁道先,1994.中国岩溶学[M].北京:地质出版社.

张勃,1988.地貌学[M].北京:商务出版社.

张根寿,2005.现代地貌学[M].北京:科学出版社.

张英骏,缪钟灵,毛健全,等,1985.应用岩溶学与洞穴学[M].贵阳:贵州人民出版社.

中国地质调查局,中国地质科学院岩溶地质研究所,2006.中国西南岩溶地下水资源开发与利用[M].北京:地质出版社.

中国地质学会岩溶地质专业委员会,1982.中国北方岩溶和岩溶水[M].北京:地质出版社.

朱学稳,汪训一,朱德浩,等,1988.桂林岩溶地貌与洞穴研究[M].北京:地质出版社.

祝晓彬,2003.地下水模拟系统(GMS)软件[J].水文地质工程地质(5):53-55.

庄金银,黄永亮,2008.影响岩溶发育因素的几点探讨[J].西部探矿工程(1):127-128.

邹成杰,1999.水利水电岩溶工程地质[M].北京:水利电力出版社.

附录图版

图版1 溶沟与石芽

图版2 石林

图版3 峰丛

图版4 桂林独秀峰(孤峰)

图版5 漏斗

图版 6　水城岩溶盆地

图版 7　溶洞

图版 8　石钟乳(一)

图版 9　石钟乳(二)

图版 10　石笋(一)

图版 11　石笋(二)

图版 12　石柱(一)

图版 13　石柱(二)

图版 14　峰丛-洼地

图版 15　峰林-谷地